紫 苏

温室紫苏生产

黄色樱桃番茄

1

红色樱桃番茄

彩色樱桃番茄

五颜六色的
樱桃番茄

盆栽人参果

苦　瓜

无棱丝瓜

3

球茎茴香

蕹　菜

大叶茼蒿

4

大棚日光温室稀特菜栽培技术

（第 2 版）

主 编

陈贵林

编著者

陈贵林 宋立彦 赵汝迪

任良玉 刘彦玲 黄淑燕

金盾出版社

内 容 提 要

本书由内蒙古大学陈贵林教授等编著。本书自出版发行以来已重印 6 次,销售量达 5.2 万册。第 2 版汇集了近年来我国稀特菜生产和科研中出现的新品种、新技术、新方法,内容更加充实完善。全书共分 5 章,内容包括:我国大棚日光温室稀特菜生产概况及发展前景,绿菜花、紫甘蓝、西芹、荷兰豆、人参果、黄秋葵等 19 种稀特菜的品种介绍及其在塑料大棚和日光温室中的栽培技术。内容翔实,技术先进,语言通俗易懂,可操作性强。适合于广大菜农、园艺技术人员和农业院校师生阅读参考。

图书在版编目(CIP)数据

大棚日光温室稀特菜栽培技术/陈贵林主编 . —2 版 . —北京:金盾出版社,2009.8
ISBN 978-7-5082-5831-7

Ⅰ. 大… Ⅱ. 陈… Ⅲ. 蔬菜—温室栽培 Ⅳ. S626.5

中国版本图书馆 CIP 数据核字(2009)第 110968 号

金盾出版社出版、总发行

北京太平路 5 号(地铁万寿路站往南)
邮政编码:100036 电话:68214039 83219215
传真:68276683 网址:www.jdcbs.cn
封面印刷:北京印刷一厂
彩页正文印刷:北京天宇星印刷厂
装订:北京天宇星印刷厂
各地新华书店经销

开本:850×1168 1/32 印张:6.625 彩页:4 字数:162 千字
2011 年 10 月第 2 版第 10 次印刷
印数:73 001~79 000 册 定价:12.00 元

前　言

　　稀特菜也称特菜、西洋菜、特种菜。所谓的稀特菜其内涵并不是一成不变的,此时此地为稀特菜,彼时彼地可能是大众化的蔬菜,很难严格区分。通常我们把栽培面积较小、人们尚不熟悉的、具有特殊风味和营养保健价值的一类蔬菜称为稀特蔬菜,简称稀特菜。由于稀特菜特殊的营养价值和保健功能,正日益受到消费者的喜爱,消费需求逐年上升,生产面积逐年扩大。目前,稀特菜的消费需求已从饭店、宾馆步入寻常百姓的餐桌。

　　近年来,随着农村商品经济的发展,一些地区和农户在种植业结构调整中把稀特菜当作首选作物,依靠发展稀特菜生产促进了当地经济的发展,也使农户发家致富奔了小康。目前,稀特菜生产已经由原来的以露地生产为主逐步向温室、塑料大棚等设施生产方向转变。通过各种设施、品种和栽培技术的运用,使稀特菜基本实现了周年供应,获得了较高的经济效益。但是,目前稀特菜生产中也存在一些问题,如有些农户在不了解市场需求的前提下盲目发展,造成了不应有的经济损失。同时,不少农户对大多数稀特菜的生长习性、品种选用、茬口安排、栽培技术、病虫害防治还不够了解,存在着管理粗放、产量低和品质差等问题,亟待解决。

　　为普及稀特菜知识和提高稀特菜生产者的种植管理水平,结合我们多年的稀特菜科研教学工作,参考近年国内外文献,编著成书。本书的图片均由陈贵林拍摄。

　　本书于 2000 年出版发行,发行后已重印 6 次,销售量达 5.2万册。为适应新形势和广大读者的要求,现对第 1 版进行修订。修订后的第 2 版汇集了近年来我国稀特菜生产和科研中出现的新品种、新技术、新方法,内容更加充实完善。同时,按照国家最新要求,对所用农药规范了名称、调整了部分农药品种,以达到蔬菜生产安全无害的目的。

本书为实用科技读物，主要介绍日光温室和塑料大棚稀特菜栽培技术，内容系统完整、叙述具体、图文并茂、通俗易懂。适于菜农、园艺技术人员和农业院校师生阅读参考。

由于编著者水平所限，书中错漏不足之处，敬请批评指正。

编著者

目　　录

第一章　大棚日光温室蔬菜生产发展概况…………………（1）

　第一节　全国蔬菜生产规模稳步增长………………………（1）

　第二节　蔬菜消费需求的变化………………………………（1）

　　一、城镇居民蔬菜消费需求的变化 ………………………（1）

　　二、市场需求由大宗蔬菜转向多样化和特需化 …………（2）

　　三、消费水平转向多元化、高档化、营养化和无害化 ………（3）

　第三节　蔬菜生产销售的特点………………………………（3）

　　一、由季节性生产长年供应转向周年生产随时供应（3）

　　二、蔬菜季节差价缩小、品种质量差价加大…………（3）

　　三、农区蔬菜由零星种植转向集中发展产地市场 ………（4）

　　四、种植由大宗菜转向多品种、专业化、特产化 …………（4）

　第四节　蔬菜生产中存在的问题……………………………（4）

　　一、蔬菜生产设施结构需要进一步优化 …………………（4）

　　二、设施种植结构单一 ……………………………………（5）

　　三、效益下滑 ………………………………………………（5）

　　四、蔬菜产品的无害化生产有待加强 ……………………（6）

　第五节　对蔬菜生产中现存问题的解决途径………………（6）

　　一、优化日光温室的结构 …………………………………（6）

　　二、增加蔬菜作物的多样性 ………………………………（6）

　　三、大棚日光温室的周年利用 ……………………………（8）

　　四、探索中国式的蔬菜无害化生产模式 …………………（8）

第二章　大棚日光温室的类型和结构…………………（10）

　第一节　塑料大棚的类型及建造 …………………………（10）

　　一、竹木结构大棚…………………………………………（11）

二、悬梁吊柱竹木结构大棚 …………………………… (12)

三、拉筋吊柱大棚 ………………………………………… (12)

四、无柱钢架大棚 ………………………………………… (13)

五、装配式镀锌薄壁钢管大棚 …………………………… (13)

第二节 日光温室的类型、结构和建造 ………………… (14)

一、日光温室的类型 ……………………………………… (15)

二、塑料薄膜和外保温材料 ……………………………… (20)

三、日光温室的方位 ……………………………………… (22)

四、日光温室的选址和规划 ……………………………… (23)

五、建造日光温室所需材料 ……………………………… (24)

六、建造维修日光温室的季节和时间 …………………… (25)

七、日光温室墙体的修建 ………………………………… (25)

八、日光温室后屋面的建造 ……………………………… (27)

九、日光温室前屋面骨架的安装 ………………………… (28)

十、铺盖日光温室后屋面 ………………………………… (29)

第三章 稀特菜育苗技术 ………………………………… (30)

第一节 稀特菜育苗的意义 ……………………………… (30)

一、生物学意义 …………………………………………… (30)

二、生产意义 ……………………………………………… (30)

三、对经济效益具有显著影响 …………………………… (31)

第二节 稀特菜育苗的方法 ……………………………… (32)

一、床土育苗法 …………………………………………… (32)

二、无土育苗法 …………………………………………… (32)

三、穴盘育苗法 …………………………………………… (33)

四、嫁接育苗法 …………………………………………… (36)

五、增温育苗法 …………………………………………… (36)

六、遮荫育苗法 …………………………………………… (37)

第三节 稀特菜育苗的壮苗标准及日历苗龄 …………… (37)

一、壮苗标准…………………………………………（38）

二、苗龄………………………………………………（39）

三、播种期的确定……………………………………（39）

第四节　稀特菜育苗的一般程序………………………（40）

一、促进发芽出土和控制幼苗徒长…………………（40）

二、促进移植缓苗和控制幼苗徒长…………………（45）

三、苗床锻炼和囤苗…………………………………（48）

第五节　稀特菜育苗中常见的问题和解决办法………（49）

一、播种后常出现的问题和解决办法………………（49）

二、防止幼苗沤根和烧根……………………………（52）

三、防止幼苗徒长和僵苗（老化苗）………………（52）

第四章　大棚日光温室主要稀特菜种类及其栽培技术……（55）

第一节　绿菜花…………………………………………（55）

一、生物学特性………………………………………（55）

二、品种选择…………………………………………（56）

三、茬口安排…………………………………………（58）

四、日光温室绿菜花栽培技术………………………（58）

五、大棚绿菜花春提前栽培技术……………………（61）

六、病虫害防治………………………………………（62）

第二节　生菜……………………………………………（63）

一、生物学特性………………………………………（64）

二、品种选择…………………………………………（65）

三、茬口安排…………………………………………（67）

四、日光温室生菜栽培技术…………………………（68）

五、大棚生菜春提前栽培技术………………………（71）

六、大棚生菜秋延后栽培技术………………………（71）

七、病虫害防治………………………………………（72）

第三节　紫甘蓝…………………………………………（73）

一、生物学特性……………………………………（74）

二、品种选择………………………………………（76）

三、茬口安排………………………………………（77）

四、日光温室和塑料大棚紫甘蓝冬春栽培技术…（77）

五、大棚紫甘蓝秋延后栽培技术…………………（80）

六、病虫害防治……………………………………（80）

第四节　紫菜薹………………………………………（82）

一、生物学特性……………………………………（83）

二、品种选择………………………………………（84）

三、茬口安排………………………………………（84）

四、日光温室紫菜薹栽培技术……………………（85）

五、病虫害防治……………………………………（88）

第五节　香椿…………………………………………（89）

一、生物学特性……………………………………（90）

二、品种选择………………………………………（91）

三、日光温室香椿栽培技术………………………（92）

四、病虫害防治……………………………………（96）

第六节　西芹…………………………………………（98）

一、生物学特性……………………………………（99）

二、品种选择………………………………………（100）

三、茬口安排………………………………………（102）

四、日光温室西芹秋冬茬栽培技术………………（103）

五、大棚西芹春提前栽培技术……………………（107）

六、病虫害防治……………………………………（108）

第七节　落葵…………………………………………（111）

一、生物学特性……………………………………（111）

二、品种选择………………………………………（112）

三、茬口安排………………………………………（113）

四、日光温室落葵冬茬栽培技术 …………………… (113)

五、大棚落葵春提前栽培技术 …………………… (115)

六、病虫害防治 …………………………………… (117)

第八节 荷兰豆 ………………………………………… (118)

一、生物学特性 …………………………………… (118)

二、品种选择 ……………………………………… (119)

三、茬口安排 ……………………………………… (120)

四、日光温室荷兰豆冬茬、冬春茬栽培技术………… (121)

五、大棚荷兰豆越冬栽培技术(河南洛阳) ………… (122)

六、病虫害防治 …………………………………… (124)

第九节 紫苏 ………………………………………… (125)

一、生物学特性 …………………………………… (126)

二、品种选择 ……………………………………… (126)

三、茬口安排 ……………………………………… (126)

四、日光温室紫苏栽培技术 ……………………… (127)

第十节 韭葱 ………………………………………… (127)

一、生物学特性 …………………………………… (128)

二、品种选择 ……………………………………… (128)

三、茬口安排 ……………………………………… (128)

四、日光温室韭葱栽培技术 ……………………… (129)

五、病虫害防治 …………………………………… (130)

第十一节 樱桃萝卜 ………………………………… (131)

一、生物学特性 …………………………………… (131)

二、品种选择 ……………………………………… (132)

三、茬口安排 ……………………………………… (133)

四、日光温室樱桃萝卜栽培技术 ………………… (133)

五、病虫害防治 …………………………………… (135)

第十二节 樱桃番茄 ………………………………… (135)

一、生物学特性 ……………………………………（135）

二、品种选择 ………………………………………（138）

三、茬口安排 ………………………………………（139）

四、日光温室樱桃番茄冬春茬栽培技术 …………（139）

五、日光温室樱桃番茄秋冬茬栽培技术 …………（143）

六、日光温室樱桃番茄冬茬栽培技术 ……………（144）

七、病虫害防治 ……………………………………（145）

第十三节　人参果 ……………………………………（147）

一、生物学特性 ……………………………………（147）

二、品种选择 ………………………………………（148）

三、茬口安排 ………………………………………（149）

四、育苗繁殖技术 …………………………………（149）

五、日光温室人参果栽培技术 ……………………（150）

六、病虫害防治 ……………………………………（152）

第十四节　苦瓜 ………………………………………（154）

一、生物学特性 ……………………………………（155）

二、品种选择 ………………………………………（156）

三、茬口安排 ………………………………………（158）

四、日光温室苦瓜冬春茬栽培技术 ………………（158）

五、大棚苦瓜春提前栽培技术 ……………………（161）

六、病虫害防治 ……………………………………（163）

第十五节　丝瓜 ………………………………………（165）

一、生物学特性 ……………………………………（165）

二、品种选择 ………………………………………（166）

三、茬口安排 ………………………………………（167）

四、日光温室丝瓜栽培技术 ………………………（167）

五、病虫害防治 ……………………………………（169）

第十六节　球茎茴香 …………………………………（169）

一、生物学特性 …………………………………… (170)

二、品种选择 ……………………………………… (171)

三、茬口安排 ……………………………………… (172)

四、日光温室球茎茴香栽培技术 ………………… (172)

五、病虫害防治 …………………………………… (174)

第十七节　蕹菜 …………………………………… (176)

一、生物学特性 …………………………………… (176)

二、品种选择 ……………………………………… (177)

三、茬口安排 ……………………………………… (178)

四、日光温室蕹菜早春茬栽培技术 ……………… (178)

五、病虫害防治 …………………………………… (180)

第十八节　茼蒿 …………………………………… (181)

一、生物学特性 …………………………………… (181)

二、品种选择 ……………………………………… (182)

三、茬口安排 ……………………………………… (183)

四、日光温室茼蒿栽培技术 ……………………… (183)

五、病害防治 ……………………………………… (184)

第十九节　黄秋葵 ………………………………… (184)

一、生物学特性 …………………………………… (185)

二、品种选择 ……………………………………… (185)

三、茬口安排 ……………………………………… (186)

四、日光温室黄秋葵冬茬栽培技术 ……………… (186)

五、病虫害防治 …………………………………… (188)

第五章　大棚及日光温室稀特菜周年生产的茬口安排 …… (190)

第一节　大棚稀特菜生产茬口安排 ……………… (190)

第二节　日光温室稀特菜茬口安排 ……………… (190)

一、普通型日光温室 ……………………………… (190)

二、高效节能日光温室 …………………………… (191)

附录··（192）

附表1　北京地区几种主要稀特菜周年生产供应模式

··（192）

附表2　长江流域地区几种主要稀特菜周年生产供应

模式··（194）

第一章　大棚日光温室蔬菜
生产发展概况

第一节　全国蔬菜生产规模稳步增长

据国家农业部统计,2005 年全国蔬菜播种面积 1 772.07 万公顷,与 2004 年相比增加 16.01 万公顷,增长 0.91%;2005 年全国蔬菜总产量达 56 451.49 万吨,与 2004 年相比增加 1 386.8 万吨,增长 2.52%;2005 年全国蔬菜人均占有量 432 千克,与 2004 年相比增加 8 千克。另据 FAO 统计,2005 年中国蔬菜播种面积及产量均居世界第一,播种面积占世界蔬菜播种总面积的 43%,产量占世界蔬菜总产量的 49%。

我国设施蔬菜发展较快,而且仍然保持高速增长的态势。1990 年设施蔬菜面积达到 13.93 万公顷,与 1980 年相比增长了近 20 倍;2000 年设施蔬菜面积达到 179.05 万公顷,与 1990 年相比增长了近 12 倍;2005 年末设施蔬菜面积达到 297.4 万公顷,与 2000 年相比增长 66%。

第二节　蔬菜消费需求的变化

一、城镇居民蔬菜消费需求的变化

根据陈云和顾海英(2006 年)的研究,20 多年来,上海城镇居民食品消费结构发生了明显变化。粮食、蔬菜、肉类 3 种传统食品在人均食品消费量中比重从 1980 年的 77.1% 下降到 2004 年的

50%左右。与此同时,禽蛋、鱼虾、水果、植物油等在食品消费结构中的比重稳步上升。可见,城镇居民食品消费重心已转向营养、健康、精细食品,深加工副食品消费增加,对初级食品的购买和消费形成一定的替代。

上海农村居民食品消费总量一直高于城镇,粮食和蔬菜消费量占食物总消费量比重也在下降,但仍占据主导地位。与此同时,农村居民对粮食以外的食品消费基本呈上升趋势,食品结构也开始呈现多元化特征,与城镇居民食物结构逐渐接近。

20多年来,城镇居民和农村居民蔬菜消费总体上均呈现一定下降趋势,但变动过程不尽相同。城镇居民年人均蔬菜消费量先下降后稳定:20世纪80年代年人均蔬菜消费量以平均10.1%的幅度逐年减少,90年代起则基本稳定在105千克左右。农村居民年人均蔬菜消费量则呈现先上升后下降的趋势:20世纪80年代逐年上升,年均增长率为9.9%;90年代起则基本稳定在90千克左右,2000年后进一步下降。但农村居民蔬菜消费量始终明显低于城镇居民。

二、市场需求由大宗蔬菜转向多样化和特需化

随着国民经济的持续增长、社会消费水平日益增加,市场对蔬菜的需求已经由大宗蔬菜转向反季节、超时令供应蔬菜以及众多的小品种、稀有品种和野生蔬菜。尤其是随着旅游业的兴起,一大批高档饭店、宾馆、餐厅应运而生,为了满足外国游人的餐饮要求,不仅对国内各种名优稀特蔬菜、瓜、果的需求显著增加,而且对许多外国蔬菜也提出了优质、批量和常年供应的要求,从而促进了稀特蔬菜基地大发展。据北京市不完全统计,全市1984年稀特菜播种面积3～4公顷;1994年1300余公顷;2004～2007年始终在3800公顷上下波动,保持一种平稳动态发展势头,种植品种也由以前的几个少量品种发展到几十个品种。

三、消费水平转向多元化、高档化、营养化和无害化

当今社会收入分配的多样化,带来了消费水平和消费需求的多元化,高档餐饮、娱乐场所伴随着高消费阶层的产生而大量涌现,对高档蔬菜、瓜、果的需求量不断增加。各地在推进蔬菜产业化的过程中,在照顾大多数中低收入阶层消费需求的同时,积极指导农民生产名优稀特蔬菜、瓜、果和西洋蔬菜等,最大限度地增加农民收入。蔬菜生产的供求关系由卖方市场转向买方市场。随着居民生活水平的不断提高,人们更加珍惜健康,更加讲求生活质量,对蔬菜的质量要求已由一般化发展到优质化、营养化和无害化,即已不只是满足于有菜吃,而是要吃好菜、吃富有营养的菜、吃无公害蔬菜乃至绿色蔬菜。出口蔬菜对质量的要求更高。

第三节　蔬菜生产销售的特点

一、由季节性生产长年供应转向周年生产随时供应

目前,我国的蔬菜生产已经形成了以露地、温室、大棚、遮阳网和简易覆盖为主体的周年系列化生产体系,各城市外埠调剂的蔬菜比例日益增大,从而在很大程度上摆脱了"靠天吃菜"的状况。北方地区基本上告别了秋天"收一季吃半年"的历史,实现了由季节性生产长年供应转到周年生产随时满足供应的历史性跨越。

二、蔬菜季节差价缩小、品种质量差价加大

随着蔬菜设施栽培的大规模发展,特别是北方高效节能日光温室的迅猛发展,使淡季蔬菜价格大幅度回落,大部分蔬菜的季节差价已经由过去的 10～20 倍、甚至更大,缩小到了 5～10 倍。与此同时,由于旅游业的发展、社会消费水平的提高,蔬菜的品种和

质量差价、同一蔬菜不同品级间的差价明显加大,高营养、无公害蔬菜受到消费者的普遍欢迎。

三、农区蔬菜由零星种植转向集中发展产地市场

随着蔬菜产业化步伐逐年加快,一些地方的党政领导和农业部门开始引导农民由零星种植蔬菜转向按照统一的规划布局、集中连片发展蔬菜生产,建设产地市场。如山东省的寿光,辽宁省的北宁、北票,安徽省的和县、砀山,河北省的永年、定州等地。海南、广东、广西、四川、云南等地也建成了北运菜产地市场。这些地方的实践表明,蔬菜生产越集中、商品量越大越好卖,价位越高。

四、种植由大宗菜转向多品种、专业化、特产化

当蔬菜产量趋于平衡、供求关系由卖方市场转向买方市场以后,有远见的地方党政领导和农业部门及时组织引导农民,按照各扬所长、优势互补、人无我有、人有我优、人优我特的原则,调整品种、茬口结构和生产布局。在品种和茬口结构上实行多样化;在生产布局上推行专业化,实现一乡一业、一村一品,并积极创建特产品牌。诸如山东省莘县的日光温室厚皮甜瓜,河北省满城的草莓、徐水的番茄等。

第四节　蔬菜生产中存在的问题

一、蔬菜生产设施结构需要进一步优化

节能日光温室是我国的独创,其节能栽培技术居国际领先地位。但是现有节能日光温室中还有相当一部分是第一代节能日光温室。这类节能日光温室存在的主要问题是:结构不规范,高度和跨度偏小,采光保温性能不高,冬季遇到低温连阴天蔬菜极易发生

低温冷害。

二、设施种植结构单一

尽管我国目前已经成为世界上最大的设施蔬菜生产国和消费国,但是就蔬菜的种植种类来说,品种结构过于单一、种类偏少。据调查,大棚日光温室蔬菜的 50%～60%仍然是黄瓜、番茄,北方的问题更为严重。根菜类和叶菜类蔬菜种类偏少,果菜类也需要增加种类。最近几年不少地区在丰富蔬菜种类多样性方面做了许多工作,如大棚日光温室稀特菜、野菜、反季节蔬菜的种植日益增多,效益也明显好于大路菜。

目前,我国大棚日光温室的利用率偏低,如日光温室土地有效使用率仅有 45%;抵抗灾害能力差,仅具简单的防雨、保温作用。每 667 平方米(1 亩,下同)产量仅为 5 000～7 000 千克。而且菜农劳动强度大、生产效益低,与发达国家的水平相差甚远。

三、效益下滑

近年来,随着各地蔬菜种植面积逐年增加,蔬菜产量增多,而居民的蔬菜消费量变化不大,导致蔬菜的价位总体有降低趋势,应时蔬菜价格的下降幅度大多在 20%以上,部分地区的某些品种甚至出现产地价低于采收工本,菜农宁可让蔬菜烂在地里的严重情况,大宗超时令、反季节蔬菜价格的下降幅度在 50%以上。而化肥、农药和农膜等生产资料的价位仍居高不下,雇佣劳动力费用则不断上涨,蔬菜的生产成本费用升高。造成蔬菜商品价位低走势、成本费用高走势的主要原因有以下 4 条:一是信息不灵盲目发展,总量偏多。二是种植品种和茬口过于集中,造成某些品种的季节性相对过剩。三是支农工业品的成本费用有增无减。四是社会对于蔬菜的需求量增长趋缓,品种、质量、时间差的竞争日趋激烈。目前,我国蔬菜年人均占有量已达 432 千克以上,今后国内市场对蔬菜总量的需求增长将趋缓,蔬菜产业化经营效益的高低将主要取决于花色品种、商品质量和时间差上的竞争力。就是说,要靠抓市场短缺品种、断档商品和优质商品的生产,争取高价位,实现高效益。

四、蔬菜产品的无害化生产有待加强

随着经济的发展、社会的进步,消费水平不断提高,人们的营养意识和健康意识不断增强,对蔬菜、瓜、果的高营养、无害化的要求与日俱增。然而,在眼下千家万户的小生产方式下,对高残留农药的使用和蔬菜、瓜、果的"农药残留"及其他有害物质难以做到更有效的监控,很难适应居民日益强烈的高营养和无害化的要求。

第五节　对蔬菜生产中现存问题的解决途径

一、优化日光温室的结构

我国第二代高效节能日光温室的性能明显优于第一代,在北纬33°~46°地区,第二代温室室内外温差可达30℃以上,比第一代温室增温5℃以上,大大提高了节能日光温室冬季生产的安全性。目前,我国节能日光温室研究开发的重点应放在2个方面:一是适当加大第二代日光温室的高度和跨度,缓冲环境要素变化;增设温室内保温装置和临时辅助加温装置,改进外保温覆盖;采用异质多功能的复合墙体材料;开发温室小气候环境的单因子自控系统和多因子综合智能调控系统等。二是研制开发装配式连栋塑料大棚。

二、增加蔬菜作物的多样性

（一）稀特菜的栽培　稀特菜是稀有蔬菜和特种蔬菜的统称。

稀有蔬菜最初是指由国外引入、国内通常很少种植的绿菜花、结球生菜、散叶生菜、苦苣、西洋芹菜、芦笋、根芹菜、香芹菜、菊苣、紫甘蓝、紫苤蓝、欧洲防风、牛蒡、球茎茴香、黄秋葵等西洋蔬菜。后来又包括落葵、荷兰豆、蕹菜等一些稀有蔬菜；或当地很少种植的蔬菜，如北方地区也将豆瓣菜、蕹菜、苋菜、菜心、芥蓝、佛手瓜等南方蔬菜归到这一类蔬菜中。而特种蔬菜的称谓则是近年改革开放以后，在大中城市的众多涉外饭店、宾馆和旅游点对日本料理以至各色西餐所需配菜进行特殊供应而流行起来的。

20 世纪 60～70 年代，为了丰富蔬菜市场的花色品种，在北京等大中城市曾几度建立"小菜园"，进行各种稀有的"小品种"蔬菜生产，但终因市场需求和流通体制的限制而未能得到发展。进入 80 年代以后，在改革开放新形势下，北京、上海、沈阳、大连等城市率先从日本引进设施，建立园艺场，生产以西洋蔬菜为主的稀特菜。至 80 年代末，北京郊区已开发建立特种蔬菜生产基地 146 公顷左右，长年生产名优稀特高档蔬菜 50 多种，总产量达 400 多万千克，基本上结束了靠飞机从香港进口稀特菜的局面，既满足了市场需求，又提高了产品质量，降低了成本，节约了外汇。据北京市不完全统计，2004～2007 年全市稀特菜播种面积始终在 3 800 公顷上下波动，保持一种平稳动态发展势头。目前，全国各大中城市大都开始重视稀特菜的引进和生产。在稀特菜产销发展过程中值得引起重视的是：有一些风味好、品质佳、营养价值高的种类，例如结球生菜、青花菜、软荚豌豆、西洋芹菜、落葵、佛手瓜等，已迅速被广大消费者接受，并成为普通家庭餐桌上的美味以及餐馆、饭店菜谱上的时髦佳肴。从某种意义上说，稀特菜的发展已由涉外餐饮业的特需供应迅速转向国内大众消费市场的普遍供应。

（二）野菜的栽培　我国地域广阔，据不完全统计，常见野菜就有 150 多种。由于野菜风味独特，营养价值较高，无污染，因而日益受到人们的欢迎，野菜的开发利用已成为蔬菜生产的热点。为保护好我国的野菜资源,加强野菜的人工驯化栽培越来越受到人们的重视,目前已人工驯化栽培的野菜有四川(西昌渡口)、云南(昆明)、贵州等地的鱼腥草(蕺儿菜),湖北十堰等地的荆芥,江苏南京等地的蒌蒿、菊花脑和马兰头,黑龙江延边、双鸭山等地的蒲公英,辽宁等地的苣荬菜,河北保定等地的扫帚苗(地肤)以及各地广为人工栽培的荠菜等。近年来,人们利用温室大棚等设施模拟野生条件,在不同地区进行野菜的反季节栽培和南方野菜北方种植,丰富了蔬菜市场的花色品种,同时也为生产者带来了较高的经济效益。

三、大棚日光温室的周年利用

近年来,一些地方大棚温室蔬菜的效益不高,除了蔬菜产需总量已经基本平衡及种植种类单一外,与大棚温室的产量不高、周年利用效率低下有关。因此,大棚日光温室必须设法搞好周年利用与开发。大棚蔬菜除了果菜的春提前和秋延后栽培外,利用多层覆盖可再提前和延后 20～30 天;大棚果菜与速生叶菜和根菜可进行间套作栽培;利用大棚架的边行进行夏季丝瓜、苦瓜、葫芦等栽培,棚内套种耐阴叶菜也可以取得较好的经济效益。日光温室主要用于蔬菜的冬季栽培,夏季则可利用棚架进行丝瓜、苦瓜、佛手瓜、瓠子等栽培,内部套种叶菜;日光温室内部通道后部套作一些落葵、荷兰豆、菜豆等均可以取得一定的经济效益。

四、探索中国式的蔬菜无害化生产模式

无公害蔬菜是指在无有毒物质污染的环境条件下种植的蔬菜,这种蔬菜营养丰富,不含任何不利于人体健康的有毒物质。名副其实的无公害蔬菜必须在净土、净水和净空气的环境中种植,在栽培管理过程中不使用人工合成的化学物质(化肥、农药等),在贮藏、包装、运输、加工过程中实行无公害控制。适合我国国情的无

公害蔬菜应是有毒物质含量低于人体安全食用标准的蔬菜,它应符合营养学和医学的双重标准。鉴于当前蔬菜生产中的实际情况,蔬菜中农药的残留量已成为无公害蔬菜的主要衡量指标。可以狭义地认为:凡是蔬菜农药残留量低于国家允许标准的,可称为无公害蔬菜。因此农药使用技术已成为无公害蔬菜生产的关键。

笔者认为,在当前蔬菜生产水平下,无公害蔬菜的生产尚不能完全不使用农药,但生产过程中应遵循"严格、准确、适量"的原则。具体要求如下。

(一)严格　是指严格控制农药品种和严格执行农药安全间隔期标准。在选择农药品种时应优先使用生物农药和低毒、低残留的化学农药;每种农药均有各自的安全间隔期,严格按要求执行,可降低农药在蔬菜中的残留量。

(二)准确　是指讲究病虫害防治策略,适时防治,对症下药,把药用在刀刃上。根据病虫害消长规律,准确选择用药时间;根据病虫害在田间的分布状况,准确选择用药方式;选择准确的使用浓度和剂量。

(三)适量　病虫害的化学防治决不是首选措施,要注意进行综合防治。病虫害发生程度不达防治标准的不治;可不用农药防治的绝不随意使用农药;非用农药不可的,要尽量减少用药次数,在每次用药时准确掌握农药的浓度和剂量。

第二章　大棚日光温室的
类型和结构

　　稀特菜设施反季节栽培所需设施种类很多,包括温室、塑料大棚、遮荫防雨棚等。目前我国稀特菜生产上常用的设施主要有 2 类:一是北方用的日光温室,二是南方和北方都用的塑料大棚。

　　日光温室稀特菜栽培收获期正值北方寒冷的冬季,因此对设施有严格的要求,不是任何设施都能进行稀特菜冬季生产的。在北方(北纬 33°～43°)冬季进行稀特菜栽培,采用高效节能日光温室,在不加温的情况下,使稀特菜上市期从上年的 11 月份开始一直延续到翌年的 5 月份。而在长江流域进行稀特菜冬季栽培则宜用塑料大棚,大棚内部再加盖小拱棚和地膜覆盖,有条件者可增加保温幕。

　　塑料大棚稀特菜栽培收获期较露地栽培提前或延后 30～50 天,对设施要求不严格。北方多用塑料大棚、塑料中棚和改良阳畦等,南方多用塑料中棚和塑料大棚等。

第一节　塑料大棚的类型及建造

　　目前,塑料大棚保护设施已被广泛应用于蔬菜生产。塑料大棚最早是 1966 年 4 月由吉林省长春市英俊乡福利村首创。20 世纪 70～80 年代,在试验、示范和推广应用中逐步改进完善,确定了单栋大棚合理的棚形结构和棚体高度、跨度、长度及其适宜的比例关系,还总结了大棚内小气候变化规律及其调控技术和大棚蔬菜栽培管理配套技术。在我国北方,塑料大棚一般用于春提前或秋延后生产喜温蔬菜,不能在冬季生产喜温蔬菜。与节能型日光温室相比,塑料大棚具有建造投资少、生产风险小以及产品上市与日光温室错开、产量高、效益好且稳定等特点,是广大农民迅速致富的重要途径之一。

塑料大棚的类型很多。依棚顶连接与否,可分为单栋大棚和连栋大棚。

单栋塑料薄膜大棚多为拱圆形。依建筑材料和结构特点分为竹木结构大棚、悬梁吊柱竹木结构大棚、拉筋吊柱大棚、无柱钢架大棚、装配式镀锌薄壁钢管大棚等。单栋大棚覆盖面积一般为每栋300～800平方米,适合目前我国大多数农户推广应用。

连栋大棚由2栋或2栋以上的拱圆形或屋脊形单栋大棚连接而成。连栋大棚面积一般为0.133～0.667公顷,有的为2公顷左右。连栋大棚内温度分布均匀稳定,土地利用率高,可进行小型农机具作业。但通风和排雨雪困难,建造维修难度大。从总体上看,连栋大棚造价较高,不适宜普通农户发展。

一、竹木结构大棚

竹木结构是由竹竿、竹片、圆木等材料建成的。以立柱起支撑拱杆和固定作用。横向立柱数以大棚横跨宽度而定,一般10～12米宽设5～7排立柱;最外边2排立柱要稍倾斜,以增强牢固性。拉杆起固定立柱、连接整体的作用,使棚体不产生位移。拱杆起保持固定棚形的作用。大棚中间最高部位向两侧呈对称弧形延伸,两侧离地面1～1.2米处收缩成半立状(出肩)。拱杆间距一般为1～1.2米(图1)。覆盖薄膜时,一般在大棚中间最高点处和两肩处设3处换气口,换气口处薄膜要重叠15～20厘米,换气时拉开,不换气时拉合即可。薄膜需用压膜杆或压膜线或8号铅丝压紧,每2道拱杆间压1道,两端固定在大棚两侧地下。竹木结构塑料大棚的优点是建造容易,拱杆由数个立柱支撑,比较牢固,建造成本低,易被农户接受。缺点是立柱多,农事作业不便。

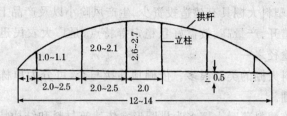

图1 竹木结构塑料大棚 （单位：米）

二、悬梁吊柱竹木结构大棚

这种大棚跨度10～13米，高2.2～2.4米，长度不超过60米。中柱为木杆或水泥预制柱，纵向每3米1根，横向每排4～6根。用木杆或竹竿作纵向拉梁把立柱连接成一个整体，在拉梁上每个拱杆下设1根吊柱，吊柱下端固定在拉梁上，上端支撑拱架。拱杆用竹片或细竹竿做成，间距1米。拱杆固定在各排立柱与吊柱上，两端入地。盖膜后用8号铅丝作压膜线。该大棚的特点是减少部分立柱，改善棚内光照并方便农事作业（图2）。

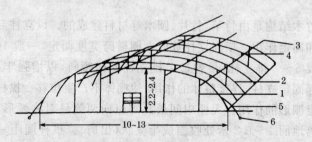

图2 悬梁吊柱竹木结构大棚 （单位：米）

1.立柱 2.拱杆 3.纵向拉杆 4.吊柱 5.压膜线 6.地锚

三、拉筋吊柱大棚

这种形式大棚的跨度为12米左右，矢高2.2～2.4米，长度40～60米。水泥立柱间距2.5～3米。水泥立柱用6号钢筋纵向连接成一个整体。拉筋上设 20～30 厘米的吊柱支撑拱杆。拱杆用宽 3 厘米左右的竹片,间距 1 米(图 3)。特点是支柱少,遮光少,农事作业方便。

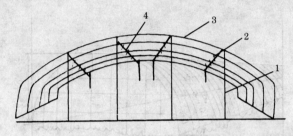

图 3　拉筋吊柱大棚

1. 水泥柱　2. 吊柱　3. 拱杆　4. 拉筋

四、无柱钢架大棚

跨度 10～12 米,矢高 2.5～2.7 米。以拉花钢架为拱架,间距 1 米。设拉梁 4～6 道,将大棚拱架连为一体(图 4)。特点是棚内无立柱、透光好、农事作业方便,便于在棚内设多层覆盖增强保温防寒效果。缺点是造价高。

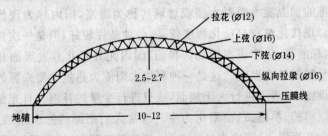

图 4　无柱钢架大棚　(单位:米)

五、装配式镀锌薄壁钢管大棚

此种棚架为定型产品。跨度 6～8 米,矢高 2.5～3 米,长30～50 米。用镀锌薄壁钢管做拱杆、拉杆、立杆,用卡具、套管连接棚杆组装成棚体。用压膜槽压卡塑料薄膜(图5)。特点是棚内无柱、农事作业方便,便于设多层覆盖保温防寒,盖膜方便,牢固耐用。但造价较高。

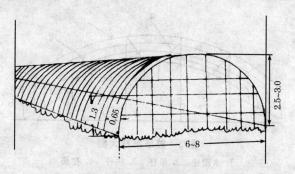

图5　装配式镀锌薄壁钢管大棚　(单位:米)

第二节　日光温室的类型、结构和建造

　　温室是指具有充分采光、严密保温或补充加温、空气对流等良好设备,用于种植或养殖生产的一种设施。国外通常把那些单栋或连栋的加温温室塑料大棚或玻璃房称为温室,国内称为现代化温室。现代化温室自动化程度较高、劳动条件较好,但是一次性投入大,耗能高,生产成本增加。目前,国内尤其是北方发展面积最大的是塑料日光温室。这是一种利用太阳能为热量主要来源的保护地设施,一般不进行人工加温,或只进行少量的补温。日光温室多是以单栋、单屋面、小型化为主。通常人们把那些三面围墙、屋脊高在2米以上、跨度在6~10米、其热量来源(包括夜间)主要是依靠太阳能的保护地设施称为日光温室。

　　在塑料温室中,一类是在不加温或基本不加温的情况下,在严冬季节可以进行喜温蔬菜生产的,通常称为高效节能日光温室或冬用型日光温室(图6)。高效节能日光温室以塑料薄膜为透明覆盖物,白天和夜间温室内的热量主要来自太阳辐射能。在最严寒的季节,日出前室内外最低温差可达 25℃ 左右。即在 −20℃ 的气候条件下,室内可保持 5℃ 以上的气温。这样冬季室内最低气温一般可维持在 10℃ 以上,个别天气会降至 3℃～5℃;10 厘米地温稳定在 11℃ 以上,可满足稀特菜或其他果菜类蔬菜生长发育的温度条件。而另一类温室需要在早春才能够进行喜温蔬菜生产的或严冬季节只用来进行耐寒蔬菜生产的一般称为普通型日光温室或春用型日光温室(图 7)。在北纬 33°～43° 地区,冬季采用普通型日光温室适于绿菜花、生菜、茼蒿、紫甘蓝、西芹、韭葱、樱桃萝卜、球茎茴香等稀特菜的生产;而高效节能型日光温室适于大多数稀特菜生产,尤其适于香椿、木耳菜、紫苏、荷兰豆、樱桃番茄、人参果、苦瓜、丝瓜、空心菜、黄秋葵、甜玉米、紫菜薹等喜温蔬菜的生产。

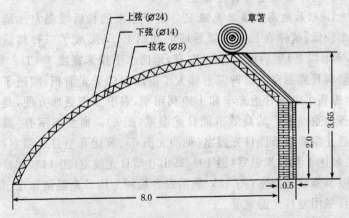

图 6　冀优改进Ⅱ型高效节能日光温室　(单位:米)

一、日光温室的类型

我国日光温室的分布范围较广,日光温室的结构类型多种多

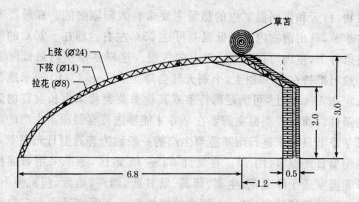

图7 冀优普通型无立柱钢架结构日光温室 （单位：米）

样，各地的名称叫法也不尽统一。根据温室前屋面的形状，基本可分为半拱形和一斜一立式2大类。

（一）半拱形塑料日光温室

1. **短后坡高后墙日光温室** 由于原来的长后坡温室土地利用率较低，这样在长后坡矮后墙的基础上，又形成了一种高后墙（1.8米以上）短后坡（1.5米左右，地面水平投影宽度1～1.2米）的塑料日光温室。这种温室加大了前屋面的采光面积，缩短了后坡，提高了中屋脊透光率和土地利用率，农事操作更加方便，是目前各地重点推广的高效节能日光温室（图8）。典型温室有：冀优改进Ⅱ型高效节能日光温室（见前文图6）、冀优Ⅱ型日光温室（图9）、冀优Ⅰ型日光温室（图10）、鞍山Ⅱ型日光温室（图11）、北京短后坡节能日光温室（图12）、熊岳农专果树专用日光温室和辽宁台安县冬用型日光温室等。

2. **无后坡日光温室** 无后坡日光温室是20世纪70年代由辽宁省兴起的。该温室最主要的特点是不设置后屋面，其后墙和山墙一般为砖砌，也有用泥筑的。有些地区则借用已有的围墙或堤岸作后墙，建造无后坡的温室。该温室骨架多用竹木结构、竹木水泥预制结构或钢架结构作拱架。由于不设后屋面，温室造价降

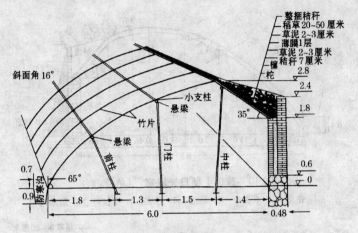

整捆秸秆
稻草20~50厘米
草泥2~3厘米
薄膜1层
草泥2~3厘米
檩秸秆7厘米
檩
枕 2.8
2.4
1.8

斜面角16°
小支柱
悬梁
竹片 35°
悬梁 门柱 中柱
0.7 前柱 0.6
65° 0
防寒沟
0.9 1.8 1.3 1.5 1.4
6.0 0.48

图8 短后坡高后墙半拱圆形日光温室 （单位:米）

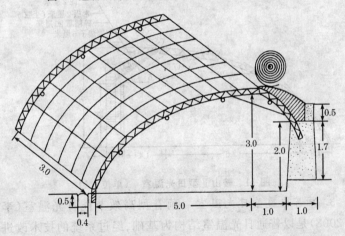

0.5
3.0
2.0 1.7
3.0
0.5 5.0 1.0 1.0
0.4

图9 冀优Ⅱ型日光温室 （单位:米）

低。但是该温室对温度的缓冲性较差,只能用于冬季生产耐寒叶菜生产,或用于早春、晚秋蔬菜生产,属于典型的春用型日光温室。目前这类温室在河北省徐水县番茄生产上、满城县草莓生产上有一定规模。

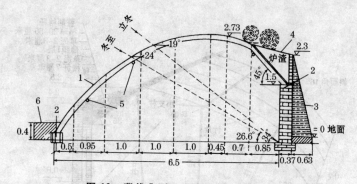

图 10　冀优Ⅰ型日光温室　（单位：米）

1．拱梁　2．水泥座　3．后墙　4．后坡　5．横拉杆　6．防寒沟

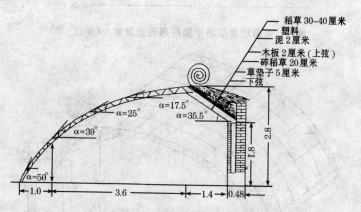

图 11　鞍山Ⅱ型日光温室　（单位：米）

3．草苫内覆盖日光温室　蓟春型高效节能日光温室（李春生，2008）是以普通日光温室结构为基础、经过系统的技术改进研究开发的新型日光温室，具有采光面积大、增温速度快、保温性能好、抗雪压能力强、节能效果显著等特点，成本比当地二代节能日光温室只增加 12% 左右。如果增加温室塑料薄膜的覆盖层数，将草苫安装在棚内，积雪便不会落在草苫表面而是落在光滑的棚膜上，普通二代节能日光温室存在的各种弊病就可以迎刃而解。该

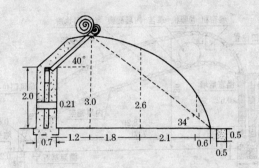

图 12　北京短后坡节能日光温室　（单位:米）

温室高 4.3 米,内跨 8.2 米,墙体厚 0.62 米。内外双层棚架,外层棚架上覆盖透明棚膜,内层棚架上覆盖防水保温棚膜和草苫,内外两层棚架中间有 0.6~1.1 米的空气隔热层。温室前后各设置一个通风口,前风口设置在外层棚架的前端,后风口设置在外层棚架的后坡面上。温室保温层由普通日光温室的 2 层增加到 4 层,即:内层棚膜、草苫、外层棚膜和外层棚膜与草苫之间的空气隔热层,并且创造了草苫缝隙间空气不流动的环境条件。白天草苫和内层棚膜卷起,光线透过外层棚膜进入温室内,与普通日光温室采光增温方式相同,但采光面积增加,揭苫后升温快;夜间草苫和内层棚膜覆盖在内层棚架上,草苫的保温面积与普通日光温室相比没有增加,但外层棚膜和空气隔热层共同参与温室保温,显著提高了夜间保温效果。草苫、内层棚膜分别用卷帘机和卷膜机卷放,卷帘机和卷膜机采用无线遥控系统和手动卷放装置控制。平时无线遥控卷放,停电时手动卷放(图 13)。

　　(二)一斜一立式塑料日光温室　改进后的一斜一立式塑料日光温室采光性能得到改善,加大了采光角度,减少了立柱。在北纬41°以南地区,基本不需加温,实现了果菜类蔬菜的反季节栽培(图14)。

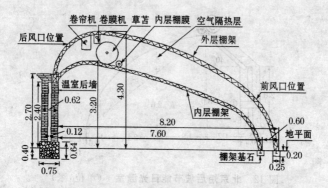

图13 蓟春型高效节能日光温室结构 （单位：米）

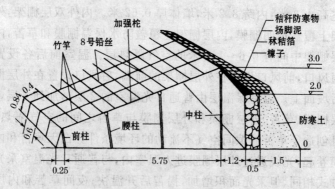

图14 一斜一立式塑料日光温室结构 （单位：米）

二、塑料薄膜和外保温材料

（一）塑料薄膜 日光温室基本上都是采用塑料薄膜作为采光屋面的透明覆盖材料。塑料薄膜的透光率因其所用树脂原料、助剂种类、质量、厚薄及其均匀程度以及是否具有无滴性等的不同而有很大差别。在使用过程中，塑料薄膜的污染、老化和露滴附着状态不同，也对透光率有很大的影响。

目前日光温室所使用的塑料薄膜在制作时所用的树脂原料主

要有 2 种。一种是聚氯乙烯(PVC)树脂,另一种是聚乙烯(PE)树脂。用这 2 种原料生产的薄膜即为聚氯乙烯薄膜和聚乙烯薄膜。日光温室使用的塑料薄膜厚度为 0.08~0.12 毫米,耐候功能棚膜多数为 0.1~0.12 毫米。不同种类的薄膜对不同波长光线的透过率不同。对于 0.3 微米的紫外线,玻璃完全不能透过,聚乙烯薄膜大部分能透过,聚氯乙烯薄膜的透过率则介于玻璃与聚乙烯之间。对于可见光,这 3 种覆盖材料的初始透光率都很好,不过以玻璃最好,聚乙烯膜透过率最低。至于红外线,1.5 微米的太阳光短波辐射,3 种覆盖材料都能大量透过;而对于 5 微米和 9 微米的长波辐射,玻璃的透过率最低,远少于塑料薄膜。

薄膜覆盖后常会发生老化,使透光率降低 20%~40%。另外,薄膜在使用过程中,还会附着露水滴和灰尘,又会使薄膜的透光率下降 20%以上。据测定,透光率原来都是 90%的聚氯乙烯薄膜和聚乙烯薄膜,在使用 2 个月后,聚氯乙烯薄膜的透光率下降 55%,而聚乙烯薄膜的透光率仍能保持 82%;使用一年后,聚氯乙烯薄膜由于污染严重,透光率降低到 15%,而聚乙烯薄膜透光率仍能保持 58%。同样的聚氯乙烯薄膜,如果在制膜时加入一定量的表面活性剂,可使薄膜表面不形成水滴,而只是在薄膜表面形成一层水膜后顺膜流下。好的无滴膜由于避免或大大减少了水滴对光的反射和吸收转化成潜热,可以增加透光率,同时温室内日平均温度也比普通薄膜提高 2℃~4℃,最高气温提高 6℃~7℃,最低气温提高 1℃~2℃。

日光温室稀特菜促成栽培正值寒冷的冬季,为提高温室的保温性能,同时降低温室内的空气相对湿度,提高薄膜透光率,促进果实着色效果,应选择透光率高、抗污染能力强、保温性能强、耐候性良好的无滴膜。这样才能保证温室的采光和保温性能。

(二)外保温材料

1. 草苫　草苫是日光温室前屋面夜间普遍应用的保温覆盖

物。可以用蒲草、稻草、谷草和苇子编成,以稻草苫保温效果最好。草苫打得厚而紧密才有良好的保温效果。一般宽 1.5 米、长 7～8 米的稻草苫,质量至少要超过 40 千克,太轻则保温性能减弱。好草苫要有 7～8 道筋,两头还要加上 1 根小竹竿,这样才能经久耐用。草苫覆盖前屋面时,要相互重叠 20～30 厘米。为防雨雪还需预备一层塑料薄膜,下雨雪时将薄膜覆盖在草苫上边遮雨雪。

2. 纸被　一般由 4～6 层牛皮纸缝合而成。纸被一般比温室前屋面长 0.3～0.5 米、宽 2 米。

3. 防水无纺布　为克服纸被易被雨雪淋湿的不足,可采用厚 0.12 厘米的防水无纺布,不怕水浸,也不怕折卷,其保温效果与 4 层牛皮纸被基本相当。

4. 复合保温被　近年来一些科研单位又开发研制出复合保温被,其厚度和重量减少,而使用年限延长,保温效果优于草苫,并适合机械化操作,大大减轻了劳动强度。随着复合保温被的规模开发,预计其价格会有所降低,并会在生产上大面积推广。

三、日光温室的方位

日光温室适合在北纬 32°～43°的广大地区进行稀特菜栽培。日光温室的方位一般均为东西走向,坐北朝南,这样可以在冬、春季节接受较多的太阳辐射。但是由于稀特菜上午制造的养分要比下午多,所以有人认为温室朝向以南偏东为好,但对于冬季极端最低温度较低的地区,朝南偏东的温室上午并不能提前揭苫照光。这种朝向对于夜间最低温度较高或冬季西北风频率较低的地区,还是以正南或南偏西的朝向为好。因为这种朝向可以在午后接受较多直射光,同时也可避免因与季风风向垂直而加大温室散热,以使翌日早晨维持较高的室内最低温度。但是不论偏东或偏西,均以不超过 10°为宜,且不宜与季风风向垂直。

应当指出,这里所谈的南、北,是指正南、正北。如果是用罗盘仪或指南针测定方法,则需将当地磁盘角扣除,才能得到正南、正北方向。

四、日光温室的选址和规划

近年来,我国日光温室稀特菜生产发展迅速,已经从分散零星生产走向集中连片大规模生产。在这种情况下,合理选择日光温室的建筑场地、认真做好规划十分必要。

（一）场地选择　选作建筑日光温室群的地块,要同时具备以下条件。

1. 地形和地势　选择地形开阔、地势高燥的地块,且要东、西、南三面无高大树木、建筑物和山冈遮阳。要避开风口、风道、河谷、山川等。因为在这些地方修建温室,不但易受风害,而且会加大温室的散热量,使温室内温度难以维持。最好的地块是北部有山冈、林带作天然风障。

2. 土地条件　地下水位要低,土质疏松肥沃、无盐渍化和其他污染。

3. 社会经济条件　要有水源和电源。水质要好,有良好的排灌条件。交通方便,靠近公路,便于产品的运销。

（二）场地规划　场地选择好后,要进行合理规划。规划工作包括温室方位和间距,田间道路和排灌沟,以及附属建筑。

1. 温室方位　坐北朝南,东西走向。

2. 前后排温室间距　应以冬至前后前排温室不对后排温室构成明显遮光为准,以使后排温室在冬至前后日照最短的季节里,每天也能保证6小时以上的光照时间。例如在北京地区,前后排温室间距应不小于温室屋脊脊高加卷起的草苫直径的2倍。

3. 田间道路规划　新建温室群应依据地块大小确定温室群内温室的长度和排列方式,根据温室群内温室的长度和排列方式确定田间道路布局。一般来说,温室群内东西2列温室间距应留

3～4 米的通道并附设排灌沟渠。如果需要在温室一侧修建工作间,再根据工作间宽度适当加大东西 2 列温室的间距。东西向每隔 3～4 列温室设 1 条南北向交通干道,南北向每隔 10 排温室设 1 条东西向的交通干道。干道宽 5～8 米,以利于通行大型运输车辆。

五、建造日光温室所需材料

我国节能型日光温室多为竹木或竹木与钢筋混凝土预制件组成。墙体包括后墙和山墙,有用砖石结构的,夹心墙内的填充物有蛭石、珍珠岩、炉灰、锯末或其他隔热材料。目前农户应用较多的墙体为土打墙。山墙可用土打墙;也可用玉米秸做成,外包塑料薄膜。

后屋面的屋架和支柱是日光温室的重要组成部分,由柁、檩和中柱构成。一般开间为 3 米,可选用材质坚硬的圆木。中柱是最主要的承重部件,小头直径不小于 12 厘米;长度可根据设计要求选定,一般为 3.5 米。柁木的直径为 10～12 厘米,长 3 米左右,即屋顶长度和后墙一半厚度之和。檩木分为头(脊)檩、2 檩和 3 檩。头檩的直径不小于 10 厘米,长度不小于 3.2 米;2 檩和 3 檩可细些,其小头直径约 8 厘米,也可用毛竹竿代替。有条件的地区可在檩上按 30 厘米左右的距离铺设木椽。在备料上对用作中柱和头檩的材料一定要保证合乎要求;柁和中柱的用量为开间数减 2,檩为开间数的 3 倍。

如选用水泥钢筋构件时,柁的横断面为 18 厘米×12 厘米,檩和中柱的横断面为 12 厘米×12 厘米;柁的底筋(2 根)直径为 12 毫米,顶筋(2 根)直径为 8 毫米;檩的底筋直径为 8 毫米,顶筋为 6 毫米;中柱应选用 6 毫米的钢筋箍筋(套子),用 4 毫米冷拔钢丝(间距 20 厘米);水泥标号为 500 号;沙砾选用中沙;石子粒直径 1～3 厘米。

采光屋面还有 2 排支柱和腰檩。支柱可分别用直径为 7 厘米和 5 厘米、长度为 2.2 米和 1.5 米的圆木,对材质要求可低于中柱。也可用断面5厘米×5厘米水泥柱代替。支柱的数量为中柱的2倍。腰檩可用毛竹或竹片,2排腰檩的长度(不包括衔接重合部分)应稍大于温室的长度,使两端能搭在山墙上。采光屋面的拱架(支架)构成加强桁架,2个加强桁架之间设竹片。毛竹的规格粗端直径5~8厘米,长5~6米;竹片的宽为5厘米,如长度不够可以重接。建造不同形式的日光温室其用料规格和数量有一定差别,我国农户多因陋就简,实际用料规格多达不到上述要求。

六、建造维修日光温室的季节和时间

目前,稀特菜生产用日光温室多是简易的土温室。这种温室一般是夏拆秋建或修复。建造的时间一般是从当地雨季过后开始,到上冻前半月结束。稀特菜冬茬栽培用高效节能日光温室的建造时间宜早不宜迟。由于稀特菜定植期为9月上旬,建棚过晚会影响或损伤幼苗;同时修建过晚的温室不仅墙体不易干透,扣膜后还会增加室内湿度,土筑墙还会因冻融剥离而受到损伤。墙体应在保温前(北方10月中旬)干透。日光温室稀特菜冬春茬栽培保温时间较晚,故建造冬春茬栽培用日光温室时间比冬茬栽培用日光温室晚些,但也必须在土壤上冻前15~20天修建完成,这样才能保证在上冻前墙体基本干透。

在北方夏、秋季正值雨季,日光温室土打墙若不加以人工防护则非常容易坍塌。因此,撤掉薄膜后,在植株即将拉秧、雨季前,及时将墙体用废旧塑料薄膜盖上,上面用土、石、砖压紧。雨季一过,在上冻前应将墙体和后屋面维修好,土墙使用素土拍实成墙或用草泥垛制成墙。雨季过后也要及时维修屋面骨架,将立柱、横拉杆、拱杆摆正并加固,折断或变形严重的应更换新材料。

七、日光温室墙体的修建

日光温室的墙体包括后墙和山墙。温室墙体有土筑的,也有单一砖石砌墙,或砖石砌、中间填充隔热物的墙体。

（一）土筑墙　土墙,即使用素土拍实成墙(板打墙或用草泥垛制成墙)。

1. 板打墙　板打墙的施工期应在雨季以后。筑墙用土要含适量的水分(手握成团,轻压可散)。如果土太干、松散,将影响牢固程度;如果土太湿,墙板容易沾泥,不仅影响墙面的平整和质量,而且风干后容易裂缝。所以,当天气干旱、表土太干时可以铲除或施工前洇水。筑墙前一定要先将墙的基础整平夯实,墙基的宽度要比墙体的厚度宽 15～20 厘米。

移动墙板。在打墙的过程中,移动墙板延伸墙体时,一定要使墙板和前段墙体对直,否则不仅影响墙的外观,而且影响墙体的质量。

夯实墙土。为使墙体牢固,应将墙土全面夯实。如果在靠近墙板的地方未能夯实,就容易发生墙皮脱落;如果中心部位未能夯实,就会有墙心裂开的危险。每次填土不要太厚,一般 20 厘米左右为宜,以免夯不实。

后墙与山墙连接时,后墙的长度要比温室的长度再加长 1.5 米,这样在筑山墙时可以留出垛子,以免山墙和后墙的相连处有缝隙而影响保温。

2. 草泥垛墙　草泥垛墙适用于黏壤土和黏土地区。其方法是将土运到距墙体较近的地方卸土和泥,当土卸到 20 厘米厚时,在上面撒 1 层稻草(长约 15 厘米),然后再压 20 厘米厚的土,再在上面撒 1 层草,随即用水洇土,水洇得要匀,然后用耙翻捣调成硬泥。适合垛墙的硬泥应是人站上去稍有下沉、但不粘脚。将调好的硬泥每锹互相错位堆垒,一般垛到厚 40 厘米左右时需要踏实。经过 1～2 天以后再垛第二层。如此反复堆垛达到墙体高度后再用"刀齿"修整,即把墙皮划成从上到下的竖纹,同时可以使泥中的草抿下来,这样就能防雨。如果施工质量好,一般 4～5 年内不必抹泥维修。

（二）砖石砌墙　在经济条件好或有资源的地区,后墙也可砌成砖石结构。砖石结构又分砖石带夹心墙和砖石砌墙外培土2种情况。

1. 砖石带夹心墙　内墙厚24厘米,中空12厘米,外墙厚12厘米。中空部分填充炉渣和珍珠岩等。也可用粉煤灰或黏土空心砖砌筑,但缝隙要抹严,防止透风。

砖石结构墙体属于永久性或半永久性建筑,砌筑前要先做基础。基础深50～60厘米,宽和墙宽相同,用毛石、沙子和水泥混合浇筑。基础上面用黏土砖砌成空心墙。在砌筑过程中,内、外墙间要每隔2～3米放1块拉手砖,以防倒塌。同时砌筑时要灰浆饱满,勾好灰缝,抹好灰面,以免漏风。封顶后,外墙要砌出一定高度的女儿墙,以使后墙与后坡衔接严密和防止后坡上防寒柴草下滑。

2. 砖石砌墙外培土　为了加强后墙的保温性能,对较薄的墙体均可在外边培防寒土,使墙体总厚度能达到最佳的保温效果。从各地实践看,北纬35°地区墙体总厚度要达到80厘米以上,北纬38°地区要达到100厘米,北纬40°以北地区要达到150厘米以上。墙外夹风障,风障和墙间再填充一些乱草,保温效果更好。山墙可比后墙薄一些,不论土墙还是砖墙,其厚度一般不小于50厘米。

八、日光温室后屋面的建造

后屋面基础骨架包括桁、中柱、檩(脊檩和檩)。

（一）木料加工　选相匹配的桁和中柱为一组先在桁木的大头一端中柱支撑的位置开一斜槽口,在槽口对应一面的前端砍一斜面,以放置脊檩。在中柱小头一端锯成与槽口相对应的槽。

（二）后屋架安装　先在埋设中柱的位置挖30～40厘米深的坑,夯实底部并垫上砖石等硬物。在两山墙最高点之间拉起一条线以使各控桁前端平齐于此直线上。将两两一组的桁和中柱通过槽连接起来,然后扶起。中柱下部置于坑内简单埋牢,桁后端担在后墙上简单固定。注意中柱必须向北倾斜,不能直立。倾斜角度与后坡长短有关,长后坡温室的中柱以倾斜 6°~8°为宜,短后坡温室的中柱以倾斜 5°左右为好。

随着一组组柁和中柱的架设安装脊檩。脊檩长度和温室开间相同时,即脊檩在柁上端连拉时,可用平头对接,用钯锔固定在柁上。脊檩长度和温室开间不相等时,可用锯斜口"拍接"法连接,用钉锁定。在架设柁和中柱过程中,每隔一段距离要用 2 木棍从东西两侧架住柁,以防歪斜落架。全部柁架起以后,要以两山墙间拉起的线为基准,统一调整各柁高度和前后位置,使其高矮及前后一致。同时要兼顾调整中柱使其在同一直线上,向北倾斜度一致。调整柁在后墙上的上下位置可调节前端高低。中柱前后位置不适宜时,可用锹插入柱脚土中别动中柱下端来实现。调整完毕后,将中柱进一步夯实固定,柁在墙上也用砖石顶压住。中柱和柁连接处最好再用钯锔连接锁定。

九、日光温室前屋面骨架的安装

(一)用料加工 对前屋面有柱或竹木结构的温室来说,首先要按前、中、后悬梁或拉杆和立柱的设计用料规格截取立柱。对于带有加强桁架的温室来说,要提前制作接面加强架。竹木结构加强架是用直径为 10 厘米的圆木做成跨度为 4 米左右二折式的支撑架,在室内每 3 米设 1 排,上端搭在脊檩上,下端埋入土中。然后再在上边立 2 个小支柱,小支柱上安装横梁,横梁上再安拱杆。

(二)有柱式前屋面骨架的架设 前屋面下有柱式结构的温室,先依设计要求将东西同一排悬梁(横梁)的支柱与中柱一一对应埋置,要求高度或倾斜度完全一致。然后再沿东西向各排悬梁(横梁)的支柱安装悬梁,并一一绑紧固定。也可用 8 号铅丝绷紧,两端与山墙外地锚连接,用圆木在两山墙里侧紧顶住铅丝和墙,在墙顶放置接触面较大的砖或木板,以防止因绷紧的铅丝切入墙内。

用紧线器将 8 号铅丝固定,并——与腰檩支柱顶部绑缚。

拱杆的架法是:首先将其与柁对应位置的拱杆固定在前排横梁(拉杆)的支柱和脊檩上,然后把 2 架已固定的拱杆之间按 60～70 厘米等距离划分,在前底脚和脊檩上同时标出固定拱杆的位置。把用作拱杆的竹片(竿)两两配成一组。下面 1 根的基部埋入土中,向南倾斜 45°左右,夯实。上面 1 根在脊檩上用钉固定。如用竹片作拱杆,需先用木钻打眼,再用钉来固定,以防竹片开裂。上下所用竹片(竿)全部固定好之后由 2 个人一起来固定拱杆:一人在外用手握住竹片偏下部位向后拉,一手握住偏上部分向前推,直抵前横梁支柱;另一人抓住上边 1 根竹片下拽直抵后横梁支柱,上下竹片接触,上边 1 根压住下边 1 根固定绑牢。由于受到前、中、后或前、后 2 道横梁的限制,竹拱杆自然形成与设计要求相符合的弯曲度。竹拱杆全部绑好后,再统一调整 2 竹片重叠处使各拱杆高度一致,而后把重叠处绑牢,再固定于横梁上。

十、铺盖日光温室后屋面

后屋面是一种维护结构,主要起蓄热、保温和吸湿作用,同时也是卷放草苫和扒顶缝通风作业的地方。先将玉米秸或高粱秸捆成直径 20～30 厘米的捆。两两一组,梢部在中间重叠,上边一捆的根部搭到脊檩外 15～20 厘米,下边一捆根部搭在后墙顶上,一捆一捆挤紧排放,上边再放些麦秸、柴草等比较细软的材料,直到把后屋面铺严。如果后屋面过陡,在靠近后墙附近可以增加细软材料的厚度,以便日后揭放草苫。这 2 层隔热材料铺好后,上面压约 10 厘米厚的潮湿土耙平踩实,再用铁锹将前檐拍齐。然后用草泥(麦秸泥)抹顶,第一、第二遍抹泥厚均为 2 厘米左右,同时将檐顶封好。当屋顶干后在屋顶上相当中檩的位置固定 1 条供绑草苫用的 8 号铅丝。

第三章　稀特菜育苗技术

第一节　稀特菜育苗的意义

蔬菜的种植方法有直播法和育苗法 2 种。育苗是指移植栽培作物在苗床中从播种到定植的作业过程。育苗是蔬菜栽培的主要特点之一,在蔬菜栽培的各项作业中育苗是一项非常重要、技术比较复杂的环节。从狭义上理解,育苗的实质是让幼苗提前生长发育,即在本田无法栽培的情况下创造可以提前或按时栽培的条件,以保证按正常栽培期或提早栽培的一项作业;从广义上理解,通过育苗改变作物栽培早期的生态结构,即时间结构、地理结构、环境结构以及投资等经济结构,从而对幼苗期甚至整个栽培过程产生较显著的生物学影响,并在一定程度上左右蔬菜生产的进程及其最终效果。

一、生物学意义

蔬菜育苗的生物学意义在于为蔬菜生长增加或添补了一定的积温。在栽培条件一定的情况下,蔬菜的生长进程几乎与积温的增加同步发展,增加积温数的作用在于使整个生育期前移,即提前满足达到一定生育阶段所需的积温,并起到延长生育期的作用;添补一定的积温数的目的在于满足完成整个栽培期,即获得预期产品数量所需的积温数。

二、生产意义

（一）用地少,便于管理　蔬菜幼苗所占营养面积小,适于人工创造一个适宜蔬菜幼苗生长发育的气温、地温、营养、水分等环境条件,来培育较多的幼苗。与直播相比,节省土地和种子,便于对环境条件和病虫害防治实行精细管理,容易实行标准化、专业化和工厂化的管理,从而培育出合格健壮的商品苗。

(二)相对缩短生育期 在北方无霜期较短的地区,采用育苗移栽法,将生育期较长的蔬菜如番茄、茄子和辣椒等的幼苗安排在大棚或温室的苗床中育苗,待霜期过后,再定植于本田中,这样就可以较露地早熟高产。同样,为提早或延后大棚日光温室稀特菜的上市期,应采用相应的设施育苗,既可以缩短稀特菜的生育期,又能调节稀特菜的上市期,创造较高的经济效益。

(三)充分利用土地,增加复种指数 通过育苗移栽,能够增加茬次,提高土地的利用率。可以在前茬尚未结束时利用小面积土地提早育苗,前茬收获后立即定植,不但提高了复种指数,而且增加了产量和农户的收入。

(四)早熟高产,增加收入 采用育苗移栽法能够抢农时,促使蔬菜早熟高产。同时又能分期播种、分期收获,合理分配劳动力,提早或延迟蔬菜的生长期和收获期,做到周年供应,增加菜农的收入。

(五)节省种子、防治病虫害及减灾效果明显 育苗移栽与直播相比,用种量只是直播的 1/3～1/2,从而降低了生产成本。由于育苗场所集中,便于苗期病虫害的防治。另外育苗场所面积小且多有一定的保护设施,能抵御冰雹、低温、高温等自然灾害。

三、对经济效益具有显著影响

蔬菜秧苗质量的高低,对蔬菜的产量影响较大。据研究,蔬菜秧苗从外观已经明显可以判断出的不同秧苗质量对总产量影响可达 30% 左右,对早期产量影响可达 10%～20%;如果加上苗龄的因素,秧苗质量对早期产量的影响可达 50% 左右。由此可见,秧苗素质的好坏基本上左右了其增值量。

随着设施蔬菜集约化的发展,一些地区的蔬菜专业育苗场和育苗专业户不断涌现,使蔬菜生产的专业化程度和分工日益明显,把蔬菜秧苗直接作为商品出售已是大势所趋。

第二节　稀特菜育苗的方法

蔬菜的育苗方法有多种,各有特点,适用于不同的育苗目的及育苗条件。实践证明,只要善于选用适当的育苗方法并运用一定的科技手段,都能获得很好的育苗效果。选用育苗方法应本着实事求是的原则,因地制宜,量力而行。

一、床土育苗法

床土育苗法是普遍应用的传统育苗方法。该育苗法的突出优点是可以就地取土配制床土;与无土育苗比较,土壤的缓冲性较强,不容易发生盐类浓度障碍或离子毒害,如果床土配制合理,能获得较好的育苗效果。缺点是需要有大量的有机质或腐熟有机肥为主要配合原料;苗坨重量较大,增加了秧苗搬运的负担;床土消毒难度较大。特别在集中培育大量商品苗的情况下,每年用土量很大,不仅取土困难,且往往成为实现育苗工厂化的障碍。另外,由于床土是由多种原料按一定配方合成,而各种原料的理化性质又有所不同。即使是园土,由于土质不同,其性质也差异不小,这在实现床土标准化方面有一定困难。在应用床土育苗法时,应特别注意床土的物理性改良、主要营养成分的供给、根系保护等措施,以保证培育壮苗。

二、无土育苗法

无土育苗是应用培养基质(水、空气或固体基质)和营养液代替床土进行育苗的一种方法,尽管所用基质有所不同,按需要供给营养却是共同的,又称为营养液育苗。

无土育苗与床土育苗比较,主要优点有以下几条:①由于基质内通气条件较好,营养及水分供给合适,秧苗根系发育好、生长速度快,秧苗素质较好,不仅可缩短育苗期,而且可促进早熟、丰产。②不用床土育苗,可减少大量取土、搬运的困难,基质重量较轻,适于大规模育苗,有利于实现工厂化育苗。③所用基质经过选择和试验,营养液也是按一定成熟配方配制,从而为实现育苗技术标准化创造有利条件。④营养液育苗育成后,可以带基质,也可以少带或基本上不带基质运输或定植,为集中商品苗生产及远途运输创造方便条件。⑤可减少土传病害的发生。

实现无土育苗并获得良好的育苗效果也存在一些困难。①需购买或制备大量的符合要求的基质。如果应用水培或气培,则需要增加更多的设备。②基质的缓冲性小,如管理未实现标准化,容易出现各种生理障碍。③大面积培育无土苗时,完全靠人工供液,不仅用工量大,而且往往不及时,需靠机械或自动化设施解决。④必须严格控制病害,一旦发生,蔓延很快。

无土育苗的技术关键是基质的选择、营养液的准备、供液量以及与之有关的技术标准的确定。

三、穴盘育苗法

穴盘育苗是以不同规格的专用穴盘作容器,用草炭、蛭石等轻质材料作基质,采用机械化精量播种(1 穴 1 粒)、覆土、浇水一次成苗的现代化育苗技术,是专业化生产秧苗的主要方式。这种育苗方式省工、省力,机械化生产效率高。而且穴盘育苗一般采用轻质材料如草炭、蛭石、珍珠岩等作育苗基质,这些育苗基质具有比重轻、保水能力强、根坨不易散等特点,适宜远距离运输和机械化移栽。由于这种育苗方式选用的苗盘是分格室的,1 格室 1 株,成苗时秧苗根系与基质能够相互缠绕在一起,种苗质量好,成苗率高,起苗不伤根,便于搬动,定植后缓苗快。因根坨呈上大底小的塞子形,故美国把这种苗称为"塞子苗",我国引进后,称为穴盘育苗。

目前生产上常用的穴盘有多种规格,一般春季番茄和茄子成苗采用72孔穴盘(4厘米×4厘米×5.5厘米/穴),6~7片叶出售;甜椒选用128孔苗盘(3厘米×3厘米×4.5厘米/穴),7~8片叶成苗;花椰菜128孔苗盘,5~6片叶成苗;甘蓝用72孔苗盘,6~7片叶成苗;子苗一律用392孔苗盘(1.5厘米×1.5厘米×2.5厘米/穴),2叶1心出售;芹菜则采用200孔苗盘(2.3厘米×2.3厘米×3.5厘米/穴),5~6片叶出售;夏季播种茄子、花椰菜、大白菜等一律选用128孔苗盘,4~5片叶成苗。

(一)穴盘育苗程序　播种前的准备工作主要包括种子消毒,浸种催芽,育苗穴盘及工具的消毒,基质的选配,育苗盘、催芽室、绿化室、育苗盘架等的准备和清洗。在病害发生严重的地方,上述用具应严格消毒。常用的消毒方法是:多菌灵400倍液或福尔马林100倍液或漂白粉10倍液浸泡育苗用具,在催芽室、绿化室中用消毒药喷雾消毒或用硫黄熏烟消毒。穴盘育苗目前多采用草炭、蛭石等轻质材料作培养基质,秧苗根坨小,故对育苗基质选择异常严格。国内外目前普遍采用的配制比例是,草炭50%~60%,蛭石30%~40%,珍珠岩10%,同时加入氮、磷、钾比例为15∶15∶15的三元复合肥2.5~3.5千克/米³,混拌均匀后备用。幼苗生长期可以浇营养液来补充营养,营养液配方用通用配方。也可采用土壤基质。

当穴盘中幼苗60%以上开始顶土出苗时,即可将育苗盘直接放在温室或大棚中的地面上,可以设地热线加温。根据不同的蔬菜种类,室内气温分别保持晴天白天25℃~28℃,夜间18℃~20℃,阴、雨天的温度降低3℃。幼苗2叶1心后夜温可降至14℃

左右,但不要低于 10℃。白天要酌情通风,以降低室内空气相对湿度。在温室或大棚内,空气相对湿度应保持 60%左右。由于室内温度较高,育苗盘基质中的水分蒸发很快,应及时喷水。一般 1～2 天喷水 1 次,喷水时间以上午 8～9 时为宜。幼苗子叶展开至 2 叶 1 心时水分含量为最大持水量的 70%～75%;幼苗 3 叶 1 心至商品苗销售水分含量保持在 65%～70%。采用无土基质的,幼苗 2 叶 1 心后结合喷水以 0.2%～0.3%浓度的氮、磷、钾比例为 15:15:15 的三元复合肥叶面喷施 2～3 次,或者喷施营养液。保持透明覆盖物清洁,及时掀揭不透明覆盖物。

(二)商品苗的管理　从商品苗至贮运销售,应降低环境温度,白天 18℃～20℃、夜间 10℃～12℃。白天少量遮光。限制供水,叶片轻度萎蔫再浇水。这一时期管理的目的是强健种苗,增强其抗逆性。

穴盘苗的防止徒长与矮化技术:穴盘苗的地上部与地下部生长都受到限制,易造成徒长、细弱。国外以前多采用矮化剂处理防止种苗徒长,而近年多开发环境因子调节技术。①温度调节。当昼温大于夜温时促进种苗生长,昼温小于夜温时抑制种苗生长。利用此性质,在温带地区,白天通风换气,降低室温;夜晚通过加温使夜温升高,并高于白天室温,可得到矮化的壮苗。②光调节。自然光中,红光:红外光=1:1。在温室覆盖材料中,加入红外光的选择性光质吸收剂,使红光和红外光的比例升高到 1.5:1,对种苗茎的伸长有抑制作用。③水分管理。适当限制水分可有效矮化植株,并使植物组织致密。在种苗发生轻度萎蔫后浇水,可使茎部细胞伸长受抑制,并促进根系生长,增大根、冠比。

穴盘育苗由于选用的苗盘是分格室的,1 格室 1 株,一次成苗,一般不分苗。有些种类的蔬菜由于受种子质量和育苗温室环境条件的影响,播种出苗率只有 70%～80%。为此需在幼苗第一片真叶展开时,及时将缺苗孔的苗补齐。用 72 孔或 128 孔穴盘育苗的可先播在288孔的苗盘内,当小苗长至1~2片真叶时,再移到72孔的苗盘内,这样可保证秧苗整齐,提高温室的利用率。

当穴盘苗达到商品苗标准时,根系与基质紧密缠绕在一起,把苗子从穴盘拔起时也不会出现散坨现象,可将苗一层层倒放在纸箱或筐内。如果取苗前浇透水,穴盘苗可远距离运输,定植成活率几乎为100%。

四、嫁接育苗法

把一种植物的芽或枝条(称接穗)采用一定的方法接到另一种植物体的适当部位(亦称砧木),使之成为新的植物体,称之为嫁接。利用这一技术培育的蔬菜幼苗叫嫁接苗。应用嫁接方法培育蔬菜秧苗的主要目的是用砧木的抗病性来防止土传病害,如瓜类蔬菜的枯萎病和茄果类蔬菜的青枯病、黄萎病等。特别是大棚日光温室栽培中,由于连作障碍加剧使土传病害日益严重,用嫁接苗防止土传病害已经成为大棚日光温室瓜类、茄果类蔬菜生产的主要技术措施之一。在冬、春季设施栽培中,嫁接苗除了具有抗病性以外,还有利于提高作物的耐寒能力和提高产量,因而蔬菜嫁接苗技术近年来推广很快。在生产中应用嫁接苗的蔬菜有黄瓜、西瓜、甜瓜、苦瓜、西葫芦、茄子、番茄和辣椒等。嫁接的方法有靠接法、插接法、劈接法等多种。嫁接苗成活率的高低主要决定于砧木的选择、砧木苗及接穗苗适宜播种期的确定、嫁接操作技术、嫁接后环境因子的管理等。

五、增温育苗法

利用一定保护设施进行育苗,采用日光或人为措施临时加温,这是冬、春季育苗,特别在我国北部地区培育保护地或露地早熟栽培秧苗的重要育苗方法。其重要意义在于使蔬菜生长期向寒冷季节提前,获得早熟、提早供应市场的效果。前提是有必要的育苗设施,充分利用日光增温、临时人工加温补充温度不足。投资大、育苗费用较高、育苗技术难度较大是其突出特点。如果运用得当,收益也是很高的。

增温育苗法的技术关键是合理选用和建设育苗设施,提高设施的采光、保温性能和选用适当的加温方法、注意提高热效率、加强温度的小气候管理等。由于应用的育苗设施不同,管理方法及技术要求也不尽相同,应区别对待。

六、遮荫育苗法

遮荫育苗是在高温强光的夏季,为了降温保湿、促进秧苗正常生长,或为了防止病毒、蚜虫等病虫害发生,采用纱网覆盖或荫棚遮荫等措施的育苗方法。这种育苗方法不仅适用于芹菜、大白菜、甘蓝、莴苣等喜冷凉蔬菜的夏季育苗,也可适用于番茄、辣椒、黄瓜等果菜的秋季或延后栽培育苗。遮荫育苗法对保护地设施要求不高,可以因陋就简,费用较少,但对提高秧苗素质却作用显著,值得普遍推广应用。遮荫可用固定设施,如温室外加盖遮荫棚等。遮荫设施又可分完全保护或部分保护。前者包括由防雨棚、防虫网等组成的完全保护措施,后者包括一般起遮荫作用的临时性设施。

遮荫育苗法的技术难度不大。为了培育壮苗,应注意以下关键环节:选择通风干燥和排水良好的地块建筑苗床;保持较大的营养面积并切实改善营养条件;掌握遮荫适度,特别是果菜类,以中午前后遮强光为主,光照过弱秧苗质量不高;结合喷水防虫降温和用药剂防治病虫害等。遮荫育苗往往与防雨育苗结合进行。

第三节　稀特菜育苗的壮苗标准及日历苗龄

壮苗是蔬菜早熟丰产的基础,培育壮苗在蔬菜生产中的重要性已众所周知。实际上,在生产中秧苗素质对产量,特别是对产值的影响更大。生产上劣质苗普遍存在的主要原因：一是认识上的问题；二是对壮苗标准不了解；三是育苗设施条件差，缺乏育苗技术和管理经验。

一、壮苗标准

从狭义上理解，壮苗是指秧苗的健壮程度，与秧苗苗龄无关，因为无论苗龄大小都有秧苗健壮与不健壮的问题。对秧苗群体而言，应包括无病虫害、生长整齐、植株健壮 3 个方面。植株健壮包含：植株活力旺盛，适应力强及生长发育适度与平衡。从生产效果上理解，壮苗是指秧苗本身的潜在生产能力，它最终反映在生产效果即产量、产值、产品质量等后效应方面。从广义上理解，壮苗的定义中又必须考虑苗龄这个因素。这不仅是因为壮苗与产量、产值，特别是早期产量与产值关系极为密切，而这又是早熟栽培中的主要生产指标。同时，苗龄与秧苗的活力、适应力及生长发育平衡有关。

在长期的生产实践中，我国菜农早就注意到秧苗的素质对产量的影响，并根据秧苗的生长特点提出种种与秧苗质量有关的形态描述，如"平头苗"、"尖顶苗"、"蹲实苗"、"老棒苗"、"窜秧苗"等。虽然这些描述都有一定的生态学依据及应用上的参考价值，但在认识上不可避免地存在着不同程度的片面性。我国蔬菜科学工作者通过研究，提出一些评价壮苗的指标。包括数量性状指标，如简单指标、相对指标和复合指标；此外还有生理指标。

壮苗的标准：壮苗的生态标准是茎短粗，节间紧密，叶大而厚，叶色正，须根多，无病虫害；果菜类幼苗的花芽分化早，花芽多，素质好，生活力强，耐低温等。同时还要看秧苗的平衡状态，如茎粗与茎高的比例要协调，根系重量与地上部重量的比值要大。壮苗的生理指标包括根、茎、叶中营养物质的含量和束缚水含量的高低等。

二、苗　龄

表示蔬菜苗龄常用的方法有 2 种：即生理苗龄和日历苗龄。生理苗龄是指秧苗的生长和发育程度，如几片叶、现蕾情况、苗干重等；日历苗龄是指播种到定植的天数，即育苗天数。用秧苗的生长发育程度表示苗龄是较准确地反映了秧苗的生育阶段，尤其在定植时它比用育苗天数表示科学得多。生理苗龄更真实地反映了秧苗大小的实际情况，用育苗天数表示则不太准确。由于各地日照时数、光强、光质差异较大，造成育苗环境条件的差异，从而使相同大小的秧苗用不同的天数育出；或相同天数育出了不同大小的秧苗，这在各地都是屡见不鲜的。由此可见，用秧苗的生长发育程度表示苗龄比用育苗天数更合适。

当然，育苗天数在生产中也是一个非常重要的数字。做育苗计划时，人们事先确定了育苗天数和定植时要达到的秧苗生长发育程度，其依据就是根据上述即以往相同条件下积累的经验确定的。如果环境条件发生了变化，其结果必然发生变化。如在同一个育苗温室育苗，采用电热温床育苗时，由于地、气温条件较好，秧苗生长发育速度明显加快，达到同等大小苗龄的天数减少。一般来说，果菜类蔬菜苗龄比叶菜类大一些，春季定植的秧苗苗龄比秋季定植的苗龄大一些。

三、播种期的确定

确定播种期是育苗过程中非常重要的环节之一。应根据上市目标、品种特性、设施的类型和性能来确定播种期。具体说，播种期是由定植时间和育苗天数来确定，如大棚春提前樱桃番茄栽培，在华北中南部地区应在终霜期前 1 个月定植，即 3 月 20 日定植，如果育苗天数 50 天，则适宜的播期就是 2 月 1 日。定植期一般都是事先要计划好的，就某一地区、某种蔬菜的栽培类型而言，每年又是大体相同的。喜温、耐热蔬菜(如樱桃番茄、人参果、黄秋葵、甜玉米、丝瓜、苦瓜、木耳菜、蕹菜等)露地栽培定植期为当地终霜期;大棚定植期则为终霜期前 1 个月;普通日光温室为终霜期前 2~3 个月;高效节能日光温室定植期基本不受霜期的限制,一般应该避免在最冷的季节定植。耐寒、半耐寒蔬菜(韭葱、生菜、绿菜花、西芹、球茎茴香、茼蒿、紫菜薹、樱桃萝卜、紫甘蓝、荷兰豆等)露地定植期为终霜期前 1 个月,大棚定植期则为终霜期前 2 个月,普通日光温室和高效节能日光温室可实现周年生产。

第四节　稀特菜育苗的一般程序

一般来说蔬菜育苗期正值严冬或早春。所以蔬菜育苗必须遵循这样的原则:即在气候条件不适于蔬菜生长时期,创造适宜的环境条件来培养适龄的壮苗。所以蔬菜育苗技术的关键就是通过调控保护地的小气候,特别是调控苗床的温度,以促进或控制幼苗的生长势,使之生育协调,才能育成适龄壮苗。

蔬菜育苗,要经过出土关、移植关和定植关 3 关,发生 3 次生理和生态转换期。在播种至出苗期间和移植至缓苗期间,应提高苗床的温、湿度,以促进种子发芽和缓苗。出苗和缓苗后,应降低苗床环境的气温,特别是降低夜间气温,以控制幼苗徒长。定植前要进行幼苗锻炼,以提高幼苗抗御不良气候的能力。这就形成了 2 促 2 控 1 锻炼的育苗技术。依此应促则促、应控则控、促控结合,使幼苗生育协调,才能育成适龄壮苗。而且促主要是促种子发芽出土和发根缓苗,控主要是控地上部徒长。促控得当则根壮苗肥,花芽发育早而正常,奠定早熟丰产的基础。

一、促进发芽出土和控制幼苗徒长

(一)育苗床土的配制和床土消毒　育苗床土是人工按一定比

例配制成的适合于幼苗生长的土壤。它是供给秧苗生长发育所需要的水分、营养和空气的基础,秧苗生长发育好坏与床土的质量有着很密切的关系。育苗床土配制原则:土质松软、细致、肥沃、养分充足,能够促进根系发育和保证秧苗生长所需营养,pH 值在 6.5～7 之间。

1. **床土配制**　选用非重茬蔬菜地较肥沃的壤土和充分腐熟的优质圈肥,按 6∶4 的比例混合;有草炭土的地区用草炭土加壤土及圈肥按 4∶3∶3 的比例配制。上述育苗床土中每立方米再掺入腐熟粪干 20 千克、氮磷钾三元复合肥 1.5 千克、草木灰 5 千克、50％多菌灵可湿性粉剂 80 克、80％敌百虫可湿性粉剂 60 克,混匀过筛,即为优质育苗床土。作为分苗床的床土,一般按肥沃壤土和腐熟圈肥 7∶3 的比例混合即可,或苗床 10 厘米以上表土过筛后,按每平方米 25 千克腐熟优质有机肥比例掺匀亦可。下面再介绍一些较好的配方,供选用。

(1)播种床育苗床土配方(按体积计算)

配方Ⅰ:园土 2/3＋马粪 1/3。

配方Ⅱ:园土 1/3＋细炉渣 1/3＋马粪 1/3。

配方Ⅲ:园土 40％＋河泥 20％＋腐熟圈粪 30％＋草木灰 10％。

(2)分苗床育苗床土配方(按体积计算)

配方Ⅰ:园土 2/3＋马粪(通用)1/3。

配方Ⅱ:园土 1/3＋马粪 1/3＋稻壳(栽培黄瓜、辣椒)1/3。

配方Ⅲ:园土 2/3＋稻壳(番茄)1/3。

配方Ⅳ:腐熟草炭和肥沃园土各 1/2(栽培结球甘蓝)。

配方Ⅴ:腐熟有机质堆肥 4/5＋园土 1/5(栽培甘蓝、茄果类)。

配方Ⅵ:园土 2/3＋砻糠灰 1/3。

2. **床土消毒**　为了防治苗期病虫害,除了注意选用病虫害少的床土配料外,还应进行床土消毒。常用的消毒方法有以下几种。

(1)药剂消毒　常用的有效药剂有甲基硫菌灵、多菌灵、敌克松、福尔马林、波尔多液、甲霜灵等。

甲基硫菌灵苗床消毒法:用50%的甲基硫菌灵,以1∶100的比例与细土混匀。播种前后,将药土撒入苗床内即可。

多菌灵消毒法:把50%多菌灵可湿性粉剂配成1000倍液,按每1000千克培养土喷洒50～60毫升的多菌灵溶液。喷药后把育苗床土拌匀,用塑料薄膜严密覆盖,2～3天即可杀死土中枯萎病等病原菌。

敌克松消毒法:每平方米用95%敌克松可湿性粉剂5克,加10千克细土混匀。播前将床土浇透水,把药土撒入苗床;也可用95%敌克松可湿性粉剂200～400倍液喷洒苗床。

甲霜灵消毒法:用25%甲霜灵50克对水50升,混匀后喷洒营养土1000千克,边喷边拌均匀,堆积1小时后摊在苗床上即可播种。

(2)物理消毒　有蒸汽消毒和微波消毒等。欧美和日本常用蒸汽消毒床土,用于防治猝倒病、立枯病、枯萎病、菌核病和黄瓜花叶病毒病等。如荷兰用蒸汽把土温提高到90℃～100℃,处理床土30分钟。蒸汽消毒法消毒快、无残毒,是良好的消毒方法。微波消毒是用微波照射土壤,能灭草、灭线虫和灭病菌。如美国研制出功率30千瓦高波发射装置和微波发射板组成微波消毒机,机具前进速度为0.2～0.4千米/时,工作效率高。

(二)浸种和催芽　浸种和催芽是加速种子发芽的一项重要措施,可使发芽势、发芽率均得到提高。

1. 温水浸种　分温水浸种和温汤浸种2种。茄果类、瓜类、甘蓝类一般用25℃～35℃温水浸种。浸种时间甘蓝类4～6小时,黄瓜6～8小时,冬瓜、西瓜12～24小时,茄果类6～12小时。温汤浸种用55℃～60℃热水,浸种5～10分钟,然后在35℃水温下泡种。

2. 搓洗催芽　种子吸水膨胀后，要充分搓洗掉种皮上附着的黏稠物质，以防止杂菌寄生。并在冷凉处晾 2～3 小时，待种皮上已无水膜时装袋或用纱布、毛巾包好后放于容器中，并且用湿布盖严，以防散失水分和热量。生菜、绿菜花等种子放于 15℃～20℃ 处，樱桃番茄、豇豆等种子放于 25℃～30℃ 处，进行催芽。催芽中每天应适当翻倒、淘洗，以使种子受热均匀。

黄瓜、甘蓝经 1～2 日，番茄、辣椒经 2～3 日，茄子、冬瓜、西瓜经 3～5 日，部分种子出芽后停止催芽，移植于冷凉处（20℃左右），以待播种。

（三）播种和促进幼苗出土

1. 需种量和苗床面积

每 667 米^2 实际需种量（克）＝（667 米^2 需苗数/每克种子粒数×种子用价）×安全系数（2.5～5）

例如黄瓜，每克 32～40 粒，每 667 平方米栽 4 000 株。

苗床面积根据需苗数和蔬菜种类确定。中小粒蔬菜种子，如茄果类、叶菜类等，一般用撒播法，按每平方厘米分布 3～4 粒有效种子计算。

播种床面积（米^2）＝（667 米^2 需种量×每克种子粒数×粒数/厘米^2）÷10000

分苗床面积按分苗和秧苗营养面积决定。茄果类秧苗一般按 10 厘米×10 厘米或 12 厘米×10 厘米 1 株分苗（辣椒、甜椒 2～3 株），叶菜类按 8 厘米×8 厘米或 10 厘米×8 厘米分苗。

分苗床面积（米^2）＝分苗总数×秧苗营养面积（厘米^2）÷10000

大粒种子类如冬瓜、豆类不分苗，苗营养面积按 10 厘米×10 厘米或 12 厘米×12 厘米计。

例如育 667 平方米番茄苗（中棚早熟栽培），如果按种子千粒重为 2.8～3.3 克、每克种子数为 303～357 粒计算，所需的种子量、播种床面积、苗床面积如下：

需种量（克）＝6000 株/303×0.9×2.5＝15000/272.7＝55.006 克

播种床面积（米²）＝55×303×0.3 厘米²/10000＝0.49995＝0.5 米²

分苗床面积（米²）＝7000×10×1 厘米²/10000＝70 米²

种子用价（％）＝种子净度（％）×种子发芽率（％）

2. 播种技术　播种一定要选在晴天进行，能保证播种后有4～6 个晴天。这样床温高，幼苗出土快而齐。播前苗床要先浇足底水，这一水应保证秧苗生长到分苗（3～4 叶），中途不再浇水。浇水后盖 1 层细土，并借此把水凹处填平即可播种。

播撒细小的种子，可先用湿润土拌匀，也可用湿细沙播。总之要掌握使种子分布均匀。播种后撒盖细土，厚约 0.5 厘米。盖地膜保温。胚芽顶土时，撒 1 层细土保墒。

大粒种子如瓜类，按照规定营养面积播种，盖土厚 1～1.5 厘米。胚芽顶土时对床土裂缝撒土。点播时注意不要损伤胚根，并使胚根朝下。覆盖土的厚度要适宜。覆盖土越厚，使胚轴伸长和胚芽顶土消耗的能量越多；而结构物质相对减少，导致幼苗柔弱。

3. 提高床土温度至发芽适宜温度　播种覆土后，通过各种手段提高床温。喜温果菜 25℃～30℃，喜凉叶菜 22℃左右。这样会加速幼苗出土，达到发芽整齐、快速、芽壮的目的。各类幼苗出土所需天数，瓜类 3～4 天，番茄 4～5 天，茄子和辣椒 7～8 天，豆类3～4 天，白菜和莴苣 2～4 天，芹菜 6～7 天。

（四）控制幼苗徒长　幼苗出土后，解除了土壤的束缚，生长势较强，容易发生幼苗胚轴徒长。胚轴是支持地上部的支点、主根主茎的基础，同时也是水分养分输导的中心。幼苗徒长则影响地上部和地下部的生长和营养状况，不利于壮苗的培育。因此，应在大部分幼苗出土后（子叶微展至破心），立刻采取措施降低育苗空间的气温,保持土壤适宜温度(喜温果菜类白天 15℃～20℃、夜间 12℃～16℃,喜凉类蔬菜白天 8℃～12℃、夜间 5℃～6℃)。较低的夜间温度不但能防止幼苗徒长,对果菜类蔬菜的花芽分化也有很大的促进作用。如黄瓜雌花节位降低,雌花数增加。番茄在 10℃～13℃条件下比在 21℃条件下分枝及果穗数多 2～3 倍。

出苗后应尽可能争取光照。注意清洁塑料薄膜,延长光照时间。

二、促进移植缓苗和控制幼苗徒长

(一)分苗的时期 从国内外的实践看,以幼苗破心前后的子叶期为分苗适期。因为这时幼苗根系很小,叶面积不大,移苗不易伤根,蒸腾强度也小,成活快。并能促进幼苗侧根大量发生。子叶期分苗的条件:一是有较高的土温。喜温秧苗 16℃～20℃,喜凉秧苗 10℃～12℃。二是床土要富含有机质,松软透气,保肥保温。条件不具备者则以 3～4 叶期分苗比较安全,瓜类蔬菜一般不分苗。

(二)分苗的作用

1. 扩大营养面积 幼苗出土后生长加速,叶数增加、叶面积扩大,原有播种床面积远远不能满足秧苗生长的需要,不及时分苗会造成幼苗徒长,所以必须及时分苗。

2. 降低育苗费用 保护地育苗时,多数蔬菜直接成苗会增加育苗成本、降低土地利用率,通过移植分苗逐渐扩大营养面积则能有效降低育苗成本。如茄科蔬菜在子叶期每株苗有 2～3 平方厘米就能满足生长需要,小苗期需 8～10 平方厘米,成苗期需 40～100 平方厘米才能满足生长的需要。子叶期、小苗期和成苗期的面积比值是 1∶4～6∶25～40。按这个比例计算,每 667 平方米播种床播种的子叶期苗可用于 1.67～2.67 公顷成苗用,这样可节省 1.6～2.6 公顷播种床。

3. 便于管理　促进某些蔬菜侧根的生长。

（三）分苗的距离及分苗的方法

1. 分苗的距离　分苗密度应保证秧苗在苗床培育期间都能充分接受光照,不过早发生秧苗拥挤现象。秧苗的营养面积太小,严重影响着秧苗质量的提高,是当前蔬菜保护地育苗中普遍存在的问题。采用容器育苗时容器的大小要适当,移苗后紧密摆在一起,当叶面积指数达到一定大小时,把容器调开一定距离可以显著提高秧苗质量。如筒径 6 厘米的番茄苗长到一定大小时调成 64 平方厘米后比不调的(36 平方厘米)叶面积增加 28.9％,苗干重增加 30.8％。用容器育苗时,当容器口径小时,可采取适当增加容器高度,对培育壮苗也有一定的效果。

果菜生产典型的叶面积指数一般不超过 4。从地上空间看,以黄瓜为例,架高 2 米、叶面积指数为 4 时,单位面积的平均占有空间为 0.5 立方米左右。当秧苗高 0.25 米、叶面积指数为 3 时,占有空间为 0.083 立方米。从叶面积指数角度考虑,定植时其值不应大于 2.5,在子叶期不宜大于 1.5,小苗期不宜大于 2。秧苗小时高度矮,相对生长速率很高,叶片间遮荫对它们的影响更大。育苗中若保证不了秧苗有充足的营养面积,应缩短育苗天数,用中小龄秧苗定植更为有利。

2. 分苗的方法　分苗前应提早将分苗用的床土运到保护地预热以提高土温。分苗应选晴天进行。分苗的第一道工序是起苗。手握秧苗子叶,用小铲起苗;对子叶也要轻拿轻放,加以很好地保护,防止损伤。起苗时要注意选苗,淘汰病苗、锈根苗、畸形苗。如果幼苗生长不整齐,应将幼苗按大小分类,分别移植,便于管理。起苗后应立即移栽到新的苗床中。分苗前半天或前 1 天浇透水,以便带土起苗。北方栽苗用水稳苗法,即先开沟,浇大半沟水,待水渗到沟底时贴上苗,然后推盖松土至秧苗在原来播种床的深度。用塑料钵等有底容器分苗,可先将容器运到配置好的床土堆处,装好后摆到育苗床上;如果用无底纸筒等分苗,应把容器放在要摆放秧苗的地方,然后装入床土,以免移动时床土下漏。用容器移苗时事先装入一些床土,装得多少视苗的大小和容器的深浅而定。容器横竖成行摆放,摆好后将苗移入容器内,用土固定秧苗;有底容器也可在床土堆旁移入秧苗后再摆到移植床上。移苗容器内的土壤以离容器上口边沿 1 厘米左右为宜,不能与容器相平,更不能高出,否则不便浇水,造成干旱。移苗后应及时浇水,如果床土太干,移苗后应马上浇水。

移苗时深浅要适当,一般以子叶露出土面 1～2 厘米为宜。如果秧苗已经徒长,可将秧苗下部打弯栽入床土中。

(四)分苗后管理的重点

1. **促进移植缓苗**　分苗后恢复根系的最好措施是提高地温。喜温果菜(如黄瓜、番茄、苦瓜、丝瓜等)地温要求达 16℃以上;喜冷凉菜苗要求地温达 8℃以上,同时还要保持床内较高的空气相对湿度,防止叶片失水过度而发生萎蔫。因此分苗时应随分苗随盖薄膜或草苫,以保持一个高温、高湿的环境。分苗后 3～5 天是缓苗期,一般密闭不通风,以提高土温、尽快缓苗;如果出现气温过高的情况,应及时采取"回苫"措施,即盖上草苫让局部遮光来降低床内气温,待秧苗直立后,再揭开草苫见光。回苫有时一天要进行多次。缓苗后果菜类秧苗白天保持气温 25℃～30℃、夜间 20℃左右,叶菜、茎菜、花菜等喜凉秧苗白天 20℃～22℃、夜间 12℃～15℃。

2. **控制幼苗徒长**　缓苗后(心叶萌动),幼苗生长势再次增强,保护地内要及时降温。果菜类白天气温保持 20℃～28℃、夜间 10℃～18℃,土温 25℃。即保持最适土温和夜间低温,以控苗促根,促进花芽分化。秧苗的生长速度和健壮程度,可利用调节夜间温度的高低并结合白天的通风来控制。秧苗生长过快或细弱,应降低夜温;生长慢和心叶不舒展或停止生长,应升高夜温。升降夜温可以借助揭、盖草苫时间的早晚来控制。降夜温则晚盖苫,增夜温则早盖苫。

一次分苗的菜苗到定植前还有较长的时间,如出现床土过干,要适当浇水,保持床土相对湿度在60%～70%之间。阳畦移栽有松土保墒蹲苗的经验。主要因阳畦土温低(15℃～18℃),水温更低,而气温偏高,灌水后易降低地温,减弱根系的无机盐吸收水平,引起幼苗徒长;特别是阳畦畦土毛管与底土相通,移栽时灌透水,使底土温度高,故在松土保墒措施下,毛管水可以保持土壤适温。用容器育苗时,容器隔断了营养土与底土毛管的联系,容器小,容水量少,极易干燥,故必须适时适量浇水,以保持适宜的土壤温度。

三、苗床锻炼和囤苗

苗床锻炼和囤苗是提高幼苗抗寒性、提高定植成活率和缓苗速度的技术措施,是培养壮苗的最后一个重要环节。

(一)苗床锻炼

1. 秧苗锻炼后生理生化变化　主要表现在干物质含量和糖、蛋白质含量增加,尤其是还原糖含量增加,淀粉含量降低;亲水性胶体含量增加,自由水含量相对减少,冰点降低;叶革质化,变得坚硬,多蜡质,栅栏组织细胞较小,叶表皮增厚,茎变得坚挺。这些变化使得幼苗抗寒、抗风能力大大增强。

2. 锻炼方法　苗床锻炼实质是夜低温锻炼,即于定植前10～15天开始。头5～7天为准备阶段。白天将苗床覆盖物全部撤除;夜间逐渐减少覆盖,最后完全不盖。后5～8天为锻炼阶段。夜间不加覆盖,使幼苗在夜低温影响下提高耐寒性。草苫早揭晚盖。

喜温蔬菜和耐热蔬菜的临界低温为10℃～15℃,幼苗遇到临界低温,时间稍长,其正常的生理功能就会受到干扰和破坏,从而诱导幼苗产生保护反应,提高了抗性。这就是苗床锻炼准备阶段的生理作用。

喜温和耐热蔬菜遇到 2℃～4℃夜温,很快就会褪绿、白化、凋萎死亡。所以,西葫芦、番茄寒害的临界点约为 2℃,黄瓜、茄子、辣椒的临界点约为 4℃,南瓜、西瓜、甜瓜约为 6℃。预备阶段,通常白天气温 20℃～25℃,夜间 10℃～15℃,经过预备锻炼后,其寒害临界点可下降 1℃。锻炼阶段白天气温 25℃～30℃,夜间 2℃～10℃,可使寒害临界点再次下降 1℃左右。喜温蔬菜的霜冻害临界点为－1℃～－4℃。所以经过锻炼的幼苗可以抗轻微霜冻。

(二)囤苗 囤苗既是苗床锻炼的继续,又是定植前的准备措施。通常于定植前的 2～3 天,灌水起苗,囤于保护地空畦中,使之愈伤、发根、缓苗,以便定植和定植后缓苗。这种措施对大棚温室切土块起苗时作用较明显,对容器育苗、营养土育苗也有作用。囤苗后土块变硬、不易碎土坨,对根系恢复有利,能促进缓苗。

第五节 稀特菜育苗中常见的问题和解决办法

一、播种后常出现的问题和解决办法

(一)播种后长期不出苗

1. 产生原因 主要有 3 个原因:一是种子质量不好。可能是种子在播种前已经失去了发芽能力。二是因种子携带病菌,播种后土壤水分较多、温度适宜,病原菌很快活动起来,侵害了种子而影响出苗;如果床土中有各种病菌,在种子发芽过程中,就会遭到病菌的侵害而死亡。三是播种床土温度长期过低而水分又过多,使床土中缺乏空气,阻止了幼芽继续伸长甚至引起种子腐烂。床土过干,使种子发芽受到影响;对于已经发芽的种子,由于土壤中水分过少而导致幼苗干枯。

2. **解决办法**　为防止播种后不出苗,首先应进行种子发芽实验。一定要选用具有高发芽率的种子;种子一定要消毒,不能用带有病菌的种子直接播种。如果播种后由于种种原因,种子已死亡,应找出原因,重新播种。因育苗环境管理不善而引起不出苗,只要针对不出苗的原因采取相应措施后均可出苗,千万不要再重新播种。播种后经过一定时间不见出苗,应扒开床土检查,只要剥开种皮观察胚仍然是白色新鲜的,说明种子并没有死亡,只要采取相应措施都能出苗。如果是由于温度过低而未出苗,应把播种苗盘移到温度较高的地方,如搬到烟道上。或用架床使播种苗盘与地面隔开。床土过干只要适当浇水,但不要使床土板结。最好用喷壶浇水,并保持一定温度,也会很快出苗。

(二)出苗不整齐

1. **产生原因**　出苗不整齐有2种情况:一种情况是出苗的时间不一致,早出的苗和晚出的苗相差好几天,这就给苗床的管理造成很多困难。产生的原因有以下几种:种子质量差,如成熟度不一致、新籽和陈籽混杂等;催芽时投洗和翻动不匀,使种子在发芽过程中所受的温度、水分和空气不均匀,使种子发芽有早有晚。另一种情况是在同一苗床内,幼苗分布不均匀。这主要是由播种技术和苗床管理不当造成的;温室苗床内各部位的温、湿度分布不均匀也是造成幼苗不整齐的原因,如温室南部受外界低温的影响较大,出苗均较晚,育苗场所经常漏雨处也是低温区,出苗也晚;播种后盖土厚薄不均匀也是造成出苗不整齐的原因之一。

2. **解决办法**　针对上述出苗不整齐的原因,只要采取相应的技术措施就能使苗出得整齐。这些措施主要是选用发芽率高的种子和发芽势强的种子,播种前应进行发芽实验;新种子与陈种子不能混在一起播种,应分别播种;床土应很好的配制,要使床土肥沃、疏松、透气并且无病虫、无鼠害;播种前床土和种子都要消毒,床土要搂平耙细,底水要浇透;播种要均匀,密度要适宜;播种后盖土要均匀一致;播种后最好上面盖上塑料薄膜,既可防止土壤板结,又能保持床土中的水分和一定温度,但要注意塑料薄膜不能紧贴在床土上,待有 1/3 左右出苗后要立即揭掉塑料薄膜;发现土干影响出苗时,在苗床上铺 1 层草,用细眼喷壶喷水,浇透为止;苗床管理时尽量使床内各部位温度和湿度均匀,为此利用温室育苗,前沿最好设置烟道,提高前沿温度;发现由于土干出苗不齐时,不要全床浇水,哪里不出苗就在哪里浇水。

总之,只要找准不出苗或出苗不齐的原因,对症采取相应措施,就会保证苗齐、苗全。

（三）幼苗戴帽出土　育苗时,常发生幼苗出土后种皮不脱落、夹住子叶的现象,俗称"戴帽"或"顶壳"。由于子叶被种皮夹住不能张开,妨碍了子叶的光合作用,使幼苗营养不良、生长缓慢而发育成弱苗。这种现象在瓜类蔬菜上如黄瓜、西瓜、南瓜、甜瓜和丝瓜等普遍存在,这是因为这类蔬菜的子叶在出苗后的 1 个月左右主要靠子叶的光合作用维持幼苗的生长,子叶戴帽后真叶展开慢、胚茎细弱、须根少,幼苗生长发育不良。

1. 产生原因　幼苗出土戴帽的原因主要是在出土过程中表土过干,使种皮干燥发硬,紧紧夹住子叶,刚出土的幼苗靠本身的张力很难使种皮脱落。具体原因有:播种后覆盖在种子上的盖土太薄,种皮容易变干。播种盖土后,没盖塑料薄膜或不盖草,上面的盖土容易被晒干;幼苗刚一顶土,过早的去掉塑料薄膜或盖草,或在晴天中午去掉塑料薄膜,使种皮在脱落前变干,种皮就不可能顺利脱落。种子质量不好或床土中感染病菌,也会造成幼苗戴帽。例如采收过早而不充实的种子、贮藏过久的陈种子、贮藏过程中受潮或受病虫害感染的种子。这些种子由于生活力弱,都容易发生戴帽现象。

2. 解决办法　为防止幼苗戴帽出土,播种前要充分浇透底水,在出苗前保持土壤湿润。播种后盖土厚度要适当,在上面及时盖上塑料薄膜或草,使种子周围经常处于湿润状态,以便保持种皮柔软、容易脱落。刚出苗时若表土过干,应适当喷点水,使种皮保持湿润。各种瓜类播种时,种子应放平,使整个种皮均匀吸水,这样,当幼苗出土时,盖在种子上面的土就会把种皮压住,使子叶很容易地从种皮里脱出来。

二、防止幼苗沤根和烧根

苗期管理不善,很容易发生沤根(也叫烂根)和烧根。

(一)沤根产生的原因和解决办法　发生沤根时根部发锈,严重时根部表皮腐烂,不长新根,幼苗变黄萎蔫。沤根主要是由床土温度过低而湿度过大造成的。床土配制不好、黏土过多、透水性差容易发生沤根;播种前底水浇得过多又遇上连续阴雨雪天气或连阴天前浇大水,也容易引起沤根。防止沤根的主要措施是改善育苗条件;合理配制床土,播种床和幼苗期应保证足够的土温,可采用电热温床育苗或架床育苗;连阴天不要浇水,防止床土过湿。

(二)烧根产生的原因和解决办法　发生烧根时根尖发黄、不发新根,但根不烂。地上部生长缓慢,矮小发硬,不发棵,形成小老苗。烧根主要是施肥过多、土壤干燥造成的。床土中施入没有充分腐熟的有机肥,当粪肥发热时更容易烧根。因此,防止烧根的办法主要是不用未腐熟的有机肥,一定要用充分腐熟的有机肥配制床土;施化肥时不能过多,而且一定要均匀;已经发生烧根时要多浇水,降低土壤溶液浓度。

三、防止幼苗徒长和僵苗(老化苗)

(一)幼苗徒长产生的原因和解决办法　幼苗徒长是育苗期间经常发生的现象。徒长苗茎细,节间长,叶薄,叶色淡绿,组织柔嫩,拔起幼苗须根很少,秧苗重量轻。如同样大小的秧苗,徒长苗的根部重量只有壮苗的 30%～40%。由于根弱小，吸收能力差，而茎叶柔嫩，表面的角质层不发达，叶片水分蒸腾量大于根系的吸收量。果菜类幼苗徒长花芽分化得少而小，对不良环境抵抗能力差，因此定植后容易萎蔫，成活率低，不抗病，大量落花落果，不能早熟高产。

1. 产生原因 主要是由于光照不足、夜间温度过高以及氮肥和水分过多造成的。如连阴雨雪天或透明覆盖物污染过重，使苗床光照太弱，幼苗不能很好地进行光合作用，秧苗始终处于虚弱状态而形成徒长苗；夜间苗床内温度过高，秧苗的呼吸作用强，消耗养料多，秧苗生长势弱；床土中氮肥和水分多，秧苗生长柔弱，加速了秧苗的徒长；播种密度过大，使秧苗发生拥挤，植株叶片相互遮荫，秧苗间光照减弱而徒长；播种出土过程中是瓜类秧苗容易发生徒长的时期，此时应适当降低夜间温度，控制徒长；在苗床面积较小，或已经到定植时期，但遇上连阴天，已长大的秧苗不能及时栽到地里，这时秧苗徒长更为严重。

2. 解决办法 改善育苗条件，争取更多的光照。选用透光率高的薄膜，并经常清洁薄膜，尽量增加光照强度和光照时间。根据各种蔬菜秧苗不同时期对温、湿度的要求，及时通风，特别是应适当降低夜间温度，使白天和夜间保持 10℃ 左右的温差。如果晴天，白天温度高，夜间温度可略高些；阴天或雨雪天，白天气温低，夜间温度也低些。要及时分苗，保证每株苗有足够的营养面积，防止秧苗拥挤。

白天遇到阴天或雨雪天，应照常揭开草苫等外覆盖物，以便接受散射光，同时降低苗床内的温、湿度，就可以减轻或防止徒长。床土中注意不要施氮肥过多，要氮、磷、钾肥配合施用。除此以外，防止幼苗徒长还可以采用植物生长延缓剂，如番茄 2～4 叶期苗床喷雾 300 毫克/升的矮壮素，5～8 叶期喷雾 10～20 毫克/升多效唑，均可有效地防止幼苗徒长。

（二）老化苗产生的原因及解决办法　当幼苗的生长发育受到过分的抑制时，幼苗生长缓慢或停止生长，苗体小，根系老化发锈，不长新根，茎矮化，节间短，叶片小而厚、深暗绿色，幼苗脆硬而无弹性。如黄瓜苗出现的"花打顶"现象，就是典型的老化苗（僵苗、小老苗）。这种苗定植后，发棵慢、早衰、产量低。

1. 产生幼苗老化的原因　主要是床土过干和床温过低。育苗期间因担心幼苗徒长，长期控制浇水，最容易造成幼苗老化；用塑料钵育苗时，因与地下水隔断，如果浇水不及时，很容易造成土壤过干而育成老化苗；定植前幼苗进行低温锻炼时，如果温度过低，土壤又严重缺水，也会加速幼苗老化。

2. 解决办法　针对以上幼苗老化的原因，防止幼苗老化首先育苗期不宜过长，应合理控制育苗环境，采用新的育苗方法，提高苗床的温度，合理浇水。定植前幼苗锻炼时，严重缺水时必须喷小水，防止幼苗老化。发现幼苗老化，除注意温度、水分的正常管理外，喷赤霉素 10～30 毫克/升 1 周后幼苗就可逐渐恢复正常。

第四章　大棚日光温室主要稀特菜种类及其栽培技术

第一节　绿菜花

　　绿菜花又名青花菜、西兰花、意大利芥蓝、木立花椰菜。属十字花科芸薹属甘蓝种中以绿色或紫色花球为产品的一个变种,一、二年生草本植物。绿菜花起源于地中海东部沿岸地区。绿菜花是以带有花蕾的肥嫩花茎供食用,其花球色泽鲜绿,风味清香,花茎脆嫩,品质优良,烹调后色泽不变。可用于清炒、荤炒、做汤、腌渍、冷冻或制作蔬菜罐头。绿菜花营养价值很高。据分析,每 100 克可食部分含水分 89 毫升左右、蛋白质 3.6 克左右、碳水化合物 5.9 克、维生素 C 约 113 毫克,其他无机盐如铁、钙等含量亦高。各种维生素和无机盐含量均高于花椰菜和结球甘蓝,因此绿菜花作为一种高档蔬菜,深受广大消费者的喜爱。

一、生物学特性

(一)植物学特征

　　1. 根　绿菜花的根系分布较浅,须根发达。根系多集中在土壤表层,抗旱性较弱。

　　2. 茎　绿菜花的茎为短缩茎,茎下部细,靠近花球部分粗。

　　3. 叶　绿菜花的叶片蓝绿色,渐转为深蓝绿色,覆有较厚蜡质层。叶片有阔叶型和长叶型 2 类,齿缺刻多,叶柄较长。多数品种生长出约 20 片叶时即出现花球。

　　4. 花和种子　绿菜花的花球是由肉质花茎、小花梗和青绿色的花蕾群所组成,结构较松软。花球形成后,若条件适宜,花茎可迅速伸长,花蕾开花。复总状花序,角果,种子千粒重3.5～4克。

(二)对环境条件的要求

1. 温度　绿菜花喜温和、凉爽的气候条件。由于植株长势强,其抗寒、耐热能力均比花椰菜强。种子发芽适温为20℃～25℃,幼苗期生长适温为15℃～22℃,此时植株耐寒性及抗热性均很强,可忍耐−10℃的低温和抗35℃的高温。莲座期生长适温为20℃～22℃。花球发育以15℃～18℃为宜,温度高于25℃,则花球发育不良,品质差;低于5℃,则花球生长缓慢。

2. 光照　绿菜花为长日照植物,喜光,在充足的光照条件下生长发育正常,花球紧密,颜色鲜绿,产品质量好。

3. 水分　绿菜花喜湿润环境,对水分需求量比较大,土壤含水量70%～80%较适宜,过湿会造成植株病害和腐烂。要求空气相对湿度也不能太大,花球形成期以80%～90%为宜。

4. 土壤及营养　绿菜花对土壤的适应性强,以排灌良好、耕层深厚、土质疏松肥沃的砂壤土种植最好。土壤酸碱度适宜范围为pH值5.5～8,以pH值6左右生长最佳。绿菜花对土壤养分要求较严格,在生长过程中需要充足的肥料。尤其是氮素营养在整个生长期内要得到供应;幼苗期植株对氮肥需要量较多。植株茎端开始花芽分化后,对磷、钾肥需要量相对增加。花球形成期,增施磷、钾肥及硼、钼肥,对于促进植株体内养分运转和花球发育效果明显。

二、品种选择

绿菜花品种根据熟性分为3大类:早熟种,生育期约100天,适宜于春、夏季种植;中熟种,生育期110～120天,适宜于春、秋季种植;晚熟种,生育期130～150天,适宜于冬季及初春种植。另外根据品种特性,又分为主花球型和主侧花球兼收型2大类:前一类型属于早熟种,后一类型早、中、晚熟均有。

（一）绿岭 由日本引进的中早熟品种,生育期 100～105 天。植株生长势强,株型大。叶色较深绿,有蜡粉。侧枝生长中等。花球紧密,花蕾均匀且小,颜色绿,质量好,花球大,单球重 0.3～0.5 千克,大的可达 0.75 千克,一般每 667 平方米产量可达 600～700 千克。生产适应性广,耐寒性好。适于保护地栽培。

（二）里绿 由日本引进的早熟品种,生育期约 90 天。生长势中等,生长速度快。植株较高,叶片开展度小,可适当密植。侧枝生长弱。花球较紧密,色泽深绿,花蕾小,质量好,单球重 0.2～0.3 千克,一般每 667 平方米产量可达 400～500 千克。抗病性及抗热性较强。适于秋延后保护地栽培。

（三）哈依姿 由日本引进的中熟品种。植株生长势强,栽培适应性广,耐热、耐寒性强。花球半圆形,致密,紧凑性好,花蕾深绿色,单球重 0.45 千克左右,一般每 667 平方米产量可达 700 千克左右。适于保护地栽培。

（四）玉冠 由日本引进的中早熟品种。耐寒、耐热及抗病性均强。生长势强,植株叶片开展度大。花球较大,稍呈扁平状,花蕾较大,质量中等;侧花枝生长势较强,侧花球较大。单球重 0.3～0.5 千克,一般每 667 平方米产量可达 500～700 千克。适于保护地栽培。

（五）早绿 由韩国引进的优良丰产型早熟青花菜品种。该品种生长旺盛,株型直立,侧芽不发达,可密植。生长期较短,定植后约 55 天采收。花蕾中粗,蕾球整齐致密,平圆形,直径 13～14 厘米,蕾色深绿。单球重 0.4 千克左右。品质优良,较耐热。适宜保护地栽培。

（六）东方绿莹 中熟品种,全生育期约 100 天。主球高圆形,花蕾细密、紧实。叶球高圆形,颜色深绿,单球重 500 克左右。侧薹仍可结球。丰产,抗逆性强。适于春、秋季露地或保护地种植。

（七）碧绿 1 号　中晚熟品种,从定植到收获 80 天左右。花球紧实,半圆球形。无荚叶,花蕾细小,绿色,主茎不易空心。单球重 400 克左右。高抗芜菁花叶病毒病,抗黑腐病。每 667 平方米产量可达 1 000 千克左右。

另外,绿菜花品种还有中国农业科学院蔬菜研究所的中青 1号、中青 2 号,北京蔬菜研究中心的碧杉、碧松、碧秋,韩国的绿丰、大丽、绿秀、绿浪,日本的东京绿、绿辉、加斯达、里绿王,美国的绿色哥利斯等。

三、茬口安排

现将华北地区大棚日光温室绿菜花栽培茬口安排(表 1)介绍如下,供各地参考。

表 1　大棚日光温室绿菜花栽培茬口安排　（华北地区）

栽培方式	播种期	定植期	收获期	主要品种
大棚秋延后	7 月下旬至 8 月上旬	8 月下旬至 9 月上旬	10 月下旬至 11 月上旬	哈依姿、绿岭等
温室秋冬茬	8 月中下旬至 9 月下旬	9 月下旬至 10 月下旬	11 月中旬至翌年 1 月上旬	绿岭等
温室冬茬	10 月上旬至 11 月中旬	11 月中下旬至 12 月下旬	翌年 1 月中旬至 3 月上旬	哈依姿、绿岭等
温室冬春茬	11 月下旬至翌年 1 月上旬	1 月上旬至 2 月中旬	3 月中旬至 4 月中旬	绿岭等
大棚春提前	1 月中旬至 1 月下旬	2 月下旬至 3 月上旬	4 月下旬至 5 月上中旬	哈依姿、绿岭等

四、日光温室绿菜花栽培技术

（一）育　苗

1. 苗畦准备　绿菜花的苗期短,秋季要选择富含有机质的地块为苗床。育苗床应施足基肥及氮磷钾三元复合肥,保证其苗期的养分供应。每 667 平方米的栽植面积需用 5～7 平方米的播种床面积、约 50 平方米的移植床面积。

2. 播种期　一般按定植期向前推 30～45 天时间,即为播种期。秋季大棚温室育苗时气温高,苗龄不超过 30 天;冬季苗龄不超过 45 天。

3. 播种方法　撒播、条播均可。每 667 平方米用种量 20～30 克。撒播时,先将育苗畦内浇透水,待水渗下后,在畦面上撒 1 层过筛细土,然后将种子均匀撒入育苗畦内,再覆盖 1 层 0.8～1 厘米厚的过筛细土。条播时,行距 6～7 厘米,开沟深 0.8～1 厘米,播种距离 0.5～1 厘米。播种前浇足底水,播种后覆土。

4. 育苗畦的管理　冬、春季节绿菜花播种后,温室内气温白天应保持在 20℃～25℃,地温不宜低于 15℃,否则出苗缓慢。在适宜温度下,2～3 天即可出苗。幼苗出土后,温室气温保持 18℃～20℃,有利于培育壮苗。为了防止地温降低,育苗畦内一般不浇水。当幼苗长至 2～3 片真叶时,应及时分苗。

秋季育苗时,气温尚高,苗床要用遮阳网或塑料薄膜扣棚进行防雨遮荫,拱棚四周保持通风。播种出苗后,可经常浇地下水降温,但要小水勤浇,保持幼苗既不缺水又不过湿。

5. 分苗　分苗前 1 天,先将育苗畦浇透水,以便在起苗时减少伤根。起苗后将幼苗按 12～15 厘米见方移栽到分苗畦。苗移栽后及时浇水,同时每 667 平方米追施尿素 5 千克,促进幼苗缓苗和生长。当幼苗长至 5～7 片真叶时即可定植。

6. 分苗期管理

(1)温度　分苗后白天气温保持在 24℃～25℃、夜间 12℃～13℃。冬季分苗后盖小拱棚增温,3～4 天缓苗后撤膜降温。白天气温掌握在 15℃～20℃,夜间不低于 10℃。定植前 1 周再降温 3℃～4℃进行炼苗。

（2）水肥　分苗后及时浇水,分苗3～4天后要浇缓苗水。为促进缓苗,分苗后可覆盖薄膜保温保湿。缓苗后揭去薄膜,2～3天后松土保墒。苗期一般不追肥,可酌情叶面喷肥。

（二）定　植

1. 施肥整地　定植前每667平方米施腐熟有机肥2 000～3 000千克,氮磷钾三元复合肥50千克。深翻15～20厘米,耙细整平做畦,畦宽一般1.2米。也可按垄距60厘米做高垄,垄高15厘米左右。

2. 定植方法　定植前1天,先将分苗畦浇透水,起苗时土坨不易松散,减少伤根。定植株行距40～50厘米×60厘米。每667平方米定植2 200～2 700株,早熟品种可密一些,中熟品种可稀一些。栽后浇足定植水。

（三）田间管理

1. 温度　绿菜花从定植到缓苗阶段,温度可以高一些,促进生根缓苗。温室气温白天保持在24℃～25℃,最高不超过30℃,夜间13℃～14℃。幼苗及莲座期要逐渐降温,白天气温保持在21℃～22℃为好。花球形成期要求凉爽气候,气温以白天15℃～18℃、夜间8℃～10℃为宜。

2. 水分　定植水浇好后,过7～8天后浇缓苗水。定植缓苗后只进行小蹲苗7～10天,以后酌情浇水,保持土壤见干见湿。特别是主花球长至3～6厘米大小时切忌干旱,此时要求浇水均匀充足。每次浇水后和阴天要注意多通风降湿,在满足对温度的要求下,尽量多通风。

3. 追肥　绿菜花需要充足的肥料,全生育期一般需进行2～3次追肥。第一次追肥在定植后15～20天进行,最好施用氮磷钾三元复合肥,每667平方米施用量15千克。第二次追肥在顶花球出现后,再追施氮磷钾三元复合肥15～20千克。绿菜花对硼、钼等微量元素肥料需要较多。缺硼易引起花球表面黄化和基部空洞;

缺钼则叶片失去光泽,并易老化。可分别用 0.3％硼砂和 0.5％钼酸铵溶液在花球形成期进行叶面喷肥,7～10 天后再进行追肥。在生长后期主花球收获后,可根据侧花球生长情况,追施适量的肥料。此期氮肥不可过多,以免发生腐烂病。

(四)采收 绿菜花采收标准为花球形成,小花蕾充分长大、尚未露冠,表面圆整、边缘尚未散开,花球紧实、色泽深绿。适期采收,可提高绿菜花的产量和品质,又可促进侧枝花球的生长发育;采收不及时,会造成花球松散开花,而且采后花蕾迅速变为黄色,使商品价值降低,还会抑制侧花球的生长发育,降低总产量。一般自花球出现后 10～15 天即可采收。采收应在凉爽的早晨进行,从花球边缘下方花茎与主茎交接处往下 1～2 厘米处切割。采收后的花球在常温下不容易贮藏,花蕾易开放、发黄变质,应及时上市销售。为延长绿菜花的货架期,对采收后的花球先进行预冷,用聚乙烯薄膜包装,再转入 0℃条件下进行冷藏,这样可以保鲜 30～45 天,商品率达到 90％以上。

五、大棚绿菜花春提前栽培技术

(一)育 苗

1. **品种选择** 选择适应性强、耐高温的品种,即在较高温度下不易产生畸形花球的品种,如绿岭、哈依姿等。

2. **播种期** 华北地区大棚春提前绿菜花的播种期一般在 1 月中旬。由于此时外界温度低,育苗需在日光温室中进行。

3. **播种方法** 播前苗床施足基肥、整平、浇足底水,然后干籽撒播。

4. **苗期管理** 播种后可覆盖地膜或小拱棚,保温保湿,促进出苗,出苗后撤除。播种后 20 天左右、当幼苗长至 2～3 片真叶时分苗。分苗后 25 天左右、当幼苗长至 5～6 片真叶时即可定植。

(二)定植 定植前 20 天,扣棚提温,并施足基肥,整平耙细,做成宽 1 米的小高垄。覆膜双行栽植,株行距 45 厘米×50 厘米,每 667 平方米栽 3 000 株左右。

（三）定植后管理

1. 温度 定植后注意保温。温室气温一般保持在 25℃左右,促使早缓苗。缓苗后温室气温控制在白天 20℃～22℃、夜间 8℃～10℃。

2. 肥水 定植后浇 1 次水,然后中耕划锄 1～2 次,促进根系生长。生长期内经常保持土壤湿润,满足生长需要。在主花球出现前、后各追肥 1 次,以氮磷钾三元复合肥为好,施用量每 667 平方米 15～20 千克。收获主花球后,可再进行追肥浇水,以促进侧枝花球生长。

（四）采收 绿菜花在花球形成、花蕾充分长大、尚未露冠时及时采收。

六、病虫害防治

（一）霜霉病

【症状】 多从植株的下部叶片开始发病。先在叶片正面产生较小的褪绿斑,以后病斑中央呈灰褐色坏死,逐渐扩大形成不规则坏死斑。空气潮湿时,病斑背面产生稀疏霜状白霉,以后多个病斑相互连接成片,致使叶片变黄死亡。

【发病条件】 气温 16℃～20℃、空气相对湿度大或植株表面有水滴条件下,该病易发生。一般连阴雨天发病重,保护地通风不良易发病。

【防治方法】 发病初期可用下列药剂喷雾防治:72%霜脲·锰锌可湿性粉剂 600～800 倍液,或 69%烯酰·锰锌可湿性粉剂 600～800 倍液,或 66.8%丙森·缬霉威可湿性粉剂 600～800 倍液。也可用 45%百菌清烟剂熏烟预防,每 667 平方米用药 250 千克,每隔 7～10 天 1 次。

（二）黑腐病

【症　状】　细菌性病害,引起叶片维管束坏死变黑。病菌多从叶缘开始向内延伸,在叶缘形成"V"字形黄褐色病斑。病斑内叶脉坏死变黑,严重时呈黑色网状,最后叶片变黄干枯。

【发病条件】　高温多雨、空气潮湿、叶面多露、叶缘吐水或害虫造成的伤口较多,有利于病菌侵入而发病。

【防治方法】　发病初期可用下列药剂喷雾防治:3%中生菌素可湿性粉剂 600～800 倍液,或 2%春雷霉素液剂 600 倍液,或 20%噻森铜悬浮剂 500～600 倍液。

（三）蚜虫　可用下列药剂喷雾防治:10%吡虫啉可湿性粉剂 1 500 倍液,或 3%啶虫脒乳油 1 000～1 250 倍液,或 25%吡蚜酮可湿性粉剂 2 000～2 500 倍液。

第二节　生　菜

生菜是叶用莴苣的俗称,以其脆嫩的叶片为主要食用部分,是典型的生食蔬菜,故此得名。生菜属菊科莴苣属一、二年生草本植物。生菜原产于地中海沿岸,有 3 个变种:即长叶莴苣（散叶莴苣）、皱叶莴苣和结球莴苣。习惯上把不结球的生菜称散叶生菜。近年来从国外引进的生菜多属于结球类型的,故结球生菜又有西生菜之称。生菜每 100 克食用部分含水分 94～95 毫升、蛋白质 1～1.4 克、碳水化合物 1.8～3.2 克、维生素 C 4～15 毫克及一些无机盐。茎叶还含有莴苣素,味苦,有镇痛催眠作用。

生菜在西方国家栽培十分普遍,是一种最主要的色拉蔬菜,其产值在一些国家超过番茄。近年来,随着我国的对外开放以及旅游事业的发展,生菜的需求量急剧增加,生菜已为我国大多数居民所接受,有的地方已发展成为主导蔬菜之一。

一、生物学特性

(一)植物学特征

1. 根　生菜属直根性蔬菜,主根深 21～24 厘米,是一种浅根系。侧根的生长较弱,数目也少。育苗移栽后,因主根被切断,会发生较多的侧根。生菜的根群主要分布在土壤的表层。

2. 茎　生菜的茎为短缩茎。抽薹时,随着生殖生长的加强,也逐渐伸长。

3. 叶　生菜的叶为莲座叶,叶面平滑或有皱缩,全缘或有缺刻。叶色也因不同的品种而呈深绿、浅绿、黄绿、紫红和浅紫等颜色。心叶松散或抱合成叶球。

4、花和种子　花为黄色或白色。头状花序,为自花授粉,有少数异花授粉。开花后 15 天种子成熟,种子白色或黑色,千粒重0.8～1.2 克。

(二)对环境条件的要求

1. 温度　生菜性喜冷凉,忌高温。种子 4℃以上开始发芽,15℃～20℃为发芽最适温度,温度超过 25℃发芽不良。幼苗期适温为 16℃～20℃,团棵至开始包心适温为 18℃～22℃,结球期适温为 17℃～20℃,25℃以上叶球生长不良,或因叶球内部温度过高引起心叶坏死腐烂。开花结果期要求温度较高,在 22℃～29℃范围内,温度愈高,从开花至种子成熟所需天数愈少。

2. 光照　生菜为长日照蔬菜,长日照能促使其抽薹开花。光照充足有利于植株生长、叶片较厚、叶球紧实。光照太弱则表现为叶薄、叶球松散、产量低。所以棚室种植不宜太密。

3. 水分　生菜喜湿怕干。叶面积大,耗水量多,但根的吸收能力弱,所以栽培上必须经常保持土壤湿润。结球生菜在不同的生长时期对水分要求不同。幼苗期土壤不能干燥,也不能过湿,以免幼苗老化或徒长。发棵期为使莲座叶发育充实,要适当控水。

结球期需水分充足。缺水时则叶球小、味苦；水分过多则发生裂球现象，并导致病害发生。

4. 土壤　生菜喜微酸性土壤，适宜的土壤 pH 值在 6 左右。pH 值在 5 以下和 7 以上时则发育不良。根部对氧气的要求较高。在有机质丰富、保水肥力强的黏质土或壤土上根系发展快，有利于其水分及养分的吸收；在缺乏有机质、通气不良的瘠薄土壤上，根系发育不良，使叶面积的扩展受阻，则结球生菜的叶球小、不充实、品质差。

5. 营养　生菜以食叶为主，生长期要求有充足的氮肥供应，任何时期缺氮都会抑制生菜叶片的分化，使叶数减少，幼苗期缺氮对生长影响显著。幼苗期对磷十分敏感，苗期缺磷会引起叶色暗绿和生长衰退、植株矮小，因此苗期必须注意磷肥的施用。钾肥可促进光合产物向叶球内运转和积累，使叶球紧实，开始结球时应注意补施钾肥。除了氮、磷、钾三要素之外，在生长期要适当补充一些微量元素更为重要，尤其是在缺钙时会造成干烧心而导致叶球腐烂，缺镁常造成叶片缺绿。这类生理病害应以预防为主。

二、品种选择

不同的季节、不同的栽培方式选择不同的品种。生菜属于喜冷凉蔬菜，但其中抗热、抗寒、抗病等特性各有其特点，故选择适宜的品种非常重要。下面介绍几个结球生菜品种和散叶生菜品种。

（一）大湖 659　由美国引进的结球生菜品种，中熟，生育期约 90 天。叶片绿色，心叶较多有皱褶，叶缘缺刻。叶球大而紧密，品质好，单球重 500～600 克。产量高，每 667 平方米产量可达 4 000 千克左右。耐寒性较强，温暖气候条件下生长良好，但不耐热。

（二）皇帝　由美国引进的结球生菜品种，早熟，生育期约 85 天。叶片中等绿色，外叶较小，叶面微皱，叶缘缺刻中等。叶球中等大小，很紧密，球的顶部较平，生长整齐，单球平均重 500 克以上，品质优良。突出特点是耐热性好，种植范围较广。

（三）皇后　由美国引进的结球生菜品种，中早熟，生育期约85天。株型紧凑，生长整齐。外叶较深绿，叶片中等大小。结球紧实，风味佳。单球重 500～600 克，每 667 平方米产量可达2 000～3 000 千克。其突出特点是抽薹晚。较抗生菜花叶病毒病和顶部灼伤。

（四）萨林娜斯　由美国引进的结球生菜品种，中早熟。生长旺盛，整齐度好。外叶绿色，叶缘缺刻小，叶片内合，外叶较少。叶球圆球形，绿色，结球紧实，品质优良，质地软脆，耐运输，成熟期一致。单球重500 克左右，一般每 667 平方米产量可达 3 000～4 000千克。抗霜霉病和顶端灼烧病。

（五）凯撒　由日本引进的结球生菜品种，极早熟，生育期约80 天。株型紧凑，生长整齐。肥沃土壤适宜密植。球内中心柱极短，品质好。单球重 500 克左右，每 667 平方米产量可达 1 500～2 000 千克。其抗病性强，具有晚抽薹特性，高温结球性比其他品种强。

（六）奥林匹亚　由日本引进的结球生菜品种，极早熟，生育期约80 天。叶片淡绿色，叶缘缺刻较多，外叶较小而少。叶球淡绿色稍带黄色，较紧密，品质佳，口感好。单球重 400～500 克。耐热性强，抽薹极晚。

（七）玻璃生菜　散叶生菜品种。株高 25 厘米。叶簇生，叶片近圆形，较薄，长约 18 厘米，宽约 17 厘米，黄绿色，有光泽，叶缘波状，叶面皱缩，心叶抱合。叶柄扁宽，白色，质软滑。单株重 200～300 克，一般每 667 平方米产量可达 2 000～2 500 千克。不耐热，耐寒。

（八）大速生菜　由美国引进的散叶生菜品种，生长速度快，播种 45～60 天可采收。植株较直立。叶片皱，黄绿色，风味好，无纤维。耐热性、耐寒性均较强，栽培适应性广。

（九）"红帆"紫叶生菜　由美国引进的散叶生菜品种,全生育期约50天。植株较大。散叶,叶片皱曲,叶片及叶脉为紫色,色泽美观,随着收获期的临近,红色逐渐加深。本品种喜光,较耐热,不易抽薹,成熟期较早。每667平方米产量可达1 000～2 000千克。

（十）东方福星　株高约18厘米,开展度30厘米。叶阔扇形,绿色,叶面微皱,叶缘波状。叶球纵径约16厘米,横径约15厘米,单球重500～600克,每667平方米产量可达3 000千克左右。该品种质脆嫩,品质优良,长势强,结球性好,抗病性、耐热性强。定植后50～60天收获。可春、秋两季栽培,也可作为大棚温室加茬栽培。

（十一）罗马直立生菜　全生育期60～70天。叶绿色,叶缘基本无锯齿。叶片长,呈倒卵形,直立向上伸长,似小白菜。叶质较厚,叶面平滑,后期心叶呈抱合状。口感柔嫩,品质好,适宜生食和炒食,产品深受宾馆、饭店的欢迎。耐寒性强,抽薹较晚。每667平方米产量可达2 000千克左右。

（十二）橡生1号　从播种到收获60天左右。散叶生菜类之裂叶生菜类型。叶片深裂,宛如橡叶。叶色深紫,极为漂亮。品质佳,耐热,耐抽薹。单株重400克左右。

（十三）罗莎生菜　从播种到收获60～70天。叶簇半直立。株高25厘米,开展度25～30厘米。叶片皱,叶缘呈紫红色,色泽美观,叶片长,呈椭圆形,叶缘皱状,茎极短,不易抽薹。喜光照及温暖气候,耐热性较强,耐寒性好,适应性广。每667平方米产量可达2 000千克左右。产品深受高、中档消费者的欢迎。

三、茬口安排

现将华北地区大棚日光温室结球生菜栽培茬口安排(表2)介绍如下,供各地参考。

表 2 大棚日光温室结球生菜栽培茬口安排 （华北地区）

栽培方式	播种期	定植期	收获期	主要品种
大棚秋延后	8 月上旬至 8 月中旬	9 月上旬至 9 月中旬	10 月下旬至 11 月上中旬	皇后、大湖 659 等
大棚春提前	1 月下旬至 2 月上旬	3 月上旬至 3 月中旬	4 月下旬至 5 月上旬	大湖 659 等
日光温室	8 月下旬至翌年 1 月中旬	9 月下旬至翌年 2 月下旬	11 月下旬至翌年 4 月中旬	皇帝、大湖 659 等

四、日光温室生菜栽培技术

(一)育 苗

1. 品种选择 选择耐寒性强、抗病、适应性强的品种,如皇帝、萨林娜斯、大湖 659 等。苗床应选择保水保肥能力强的肥沃砂壤土。

2. 苗畦准备 生菜种子小,苗床耕作要求严格。因此,整地要细,床土力求细碎、平整。每 10 平方米苗床施用充分腐熟细碎的有机肥 10 千克、磷酸二铵 0.3 千克、磷酸二氢钾 0.3 千克。均匀撒施地面,耕翻 10～12 厘米,翻耕掺均整平后踏实。

3. 种子处理 生菜可干籽播种,也可浸种催芽。①干籽播种。播前先用相当于种子干重 0.3% 的 75% 百菌清可湿性粉剂拌种,拌后立即播种,切不可隔夜。②浸种催芽。先用 20℃ 左右的清水浸种 3～4 小时。搓洗后将水沥干,装入湿纱布袋或盆中,置于 20℃ 环境下催芽。每天用清水淘洗 1 遍,沥干后继续催芽,2～3 天可齐芽。自然条件下温度过高时,催芽可放在井筒或放在山洞等处,温度掌握在 15℃～20℃ 为宜。

4. 播种方法 播前苗床浇足底水,乘水未渗完之际,筛土找平畦面。水渗后筛撒 0.1～0.2 厘米厚的细土,然后播种。每 667

平方米用种量 25～30 克。为了培育壮苗,防止秧苗徒长而形成高脚苗或弱小苗,播种不宜太密,一般每平方米苗床撒播 1 克为宜。为了播种均匀,可将种子掺沙分 2 次撒播,然后筛土覆盖 0.3～0.5 厘米厚。为防止水分散失,可根据地温情况在畦面撒施稻草、麦秸或覆盖地膜。为防止蚂蚁、蟋蟀等啃食种子,播后在床面喷洒乐果、敌敌畏等。

5. 苗期管理　一般播种后保持床温 20℃～25℃,畦面湿润,3～5 天可齐苗。如果温度过高,应适度遮光,创造一个阴冷湿润的环境,以利于幼苗健壮生长。幼苗刚出土时,应及时撤除畦面的覆盖物,以防形成胚轴过分伸长的高脚苗。

出苗后温室气温保持白天 18℃～20℃、夜间 8℃～10℃。出苗后 7～10 天,当小苗长有 2 叶 1 心时,要及时分苗,苗距 3～5 厘米。分苗后,须用 500 倍的磷酸二氢钾溶液喷洒或随水浇灌。苗期还须喷 1～2 次 75%百菌清可湿性粉剂或 70%甲基硫菌灵可湿性粉剂 600～800 倍液,防治苗期病害。苗龄 25～35 天,幼苗长有 4～5 片真叶时即可定植。

(二)定　植

1. 施肥整地　生菜根群不深,主要靠须根来吸收水分和养分。定植时深翻土地 25 厘米以上,并按每 667 平方米用优质有机肥 4 000～5 000 千克、过磷酸钙 40～50 千克、碳酸氢铵 25～30 千克、钾肥 15～20 千克的标准施入基肥。充分搂耙均匀后,按 40～45 厘米的间距起垄,垄高 12～15 厘米。做平畦时,畦宽 1.2 米,整平畦面。若采用地膜覆盖栽培可在做畦后即覆盖地膜,然后定植。

2. 定植方法　定植时地温须稳定在 5℃以上。平畦栽培时,每畦栽 3 行。株距因品种而异:早熟品种 23～25 厘米,中熟品种 30 厘米左右,晚熟品种 35 厘米左右。散叶生菜可按行株距 25 厘米×25 厘米定植。

定植起苗前浇水湿润苗床。起苗时尽量多带宿根土,少伤根。地膜覆盖栽培在膜上打孔定植。栽植深度以根部全部埋入土中为宜,将土稍压实使根部与土壤密接。栽后浇水,适度遮光或用水喷淋植株,防止秧苗打蔫。一般栽后 5～6 天可缓苗成活。

(三)田间管理

1. 温度 秧苗定植后的缓苗阶段,温室气温可稍高,白天 22℃～25℃、夜间 15℃～20℃。缓苗后到开始包心以前,温室气温比前一段可稍低,白天控制在 20℃～22℃,夜间控制在 12℃～16℃。从开始包心到叶球长成,温室气温再低一些,白天控制在 20℃左右,夜间控制在 10℃～15℃。收获期间为延长供应期,温室气温宜降低,白天控制在 10℃～15℃,夜间控制在 5℃～10℃。

2. 追肥 结球生菜需肥较多,定植后在施足基肥的基础上,须进行追施速效肥来满足其生长需要。追肥可分 3 次进行。定植后 5～6 天追第一次肥,追施少量速效氮肥促进叶片的增长;定植后 15～20 天追第二次肥,以氮磷钾三元复合肥为好,每 667 平方米追施 15～20 千克;定植后 30 天时心叶开始抱球,再追 1 次氮磷钾三元复合肥 10～15 千克,以保证叶片生长所需的养分。

3. 浇水 定植后需水量不大,浇完定植水后以中耕保湿缓苗为主,保证植株的水分供应。缓苗后根据土壤墒情和生长情况掌握浇水的次数。一般 5～7 天浇 1 次水,砂壤土可 3～5 天浇 1 次水。但是开始结球时,田间已封垄,这时浇水应注意既要保持土壤湿润又要保持地面和空气干爽,这样有利于防止病害发生。采收前 5 天左右要控制浇水,以防菌核病和软腐病发生。

4. 中耕除草 及时进行中耕除草,减少杂草与作物竞争水分、养分、阳光、空气,保证结球生菜在生长中占绝对优势。冬季及翌年早春中耕有利于提高地温,促进根系发育。中耕不宜深也不宜多,一般在莲座期前浅中耕 1～2 次。

(四)采收 结球生菜成熟期不太一致,而且其采收期弹性很大,所以多分批采收。采收标准:叶球松紧适中,用手自顶部轻轻压下叶球稍能承受。如叶球被压下,说明成熟度差;叶球过紧又易崩裂或腐烂。收获时贴地面割下。需长途运输时要保留3～4片外叶;准备贮藏时,可多留几片外叶,以减少失重。

五、大棚生菜春提前栽培技术

(一)品种选择　选择耐寒的早熟品种,如大湖659、皇帝、凯撒等,以达到提早上市的目的。

(二)育苗　播种期一般在1月下旬,此时外界旬平均气温在-4℃～-5℃,故需在节能温室或加温温室中育苗,苗龄35～40天。

(三)定植及定植后管理　定植期一般在3月上旬至3月中旬。早春要提前1个月在2月上旬扣棚,提高棚内地温。

定植及田间管理同日光温室生菜栽培。

六、大棚生菜秋延后栽培技术

(一)品种选择　选择抗病性好、耐热又耐寒的品种,如大湖659、皇后、萨林娜斯等。

(二)育苗　播种期一般在8月上旬至8月中旬。日历苗龄一般为25～30天。育苗时正值高温多雨季节,需采取搭棚、遮荫、防雨等措施。种子需在低温下催芽。一次播种育成苗一般不分苗,需要稀播,否则要进行1～2次间苗。

(三)定植及定植后管理　定植期一般在9月上旬至9月中旬。定植及肥水管理同日光温室生菜栽培。大棚秋延后栽培定植时温度高,可不扣棚;但当外界气温降到15℃以下时,要及时扣棚。扣棚之初要加大通风量,以后随天气变冷,逐渐减少通风,并增加一些可以利用的外覆盖保温措施,如覆盖草苫、玉米秸等,尽量保持棚内气温在生菜适宜的温度范围内,即白天15℃～20℃,

夜间尽量不低于5℃。

（四）采收　生菜已经长成时要及时采收，防止受冻。

七、病虫害防治

（一）菌核病

【症状】　该病发生于结球莴苣的茎基部。染病部位多呈褐色水渍状腐烂，温度高时，病部表面密生棉絮状白色毛霉，后期产生鼠粪状菌核。

【发病条件】　温度20℃、空气相对湿度高于85％发病重。空气相对湿度低于70％时病害明显减轻。密度大、通风条件差，或偏施氮肥、连作地块，发病重。

【防治方法】　发病初期可用下列药剂喷雾防治：40％嘧霉胺悬浮剂1000倍液，或40％菌核净可湿性粉剂600倍液。每隔7～10天喷1次，连喷2～3次。

（二）霜霉病

【症状】　主要危害叶片。先在老叶下产生圆形或多角形病斑，潮湿时病斑背面产生白色霉层，后期病斑连片呈黄色，最后全叶变黄枯死。

【发病条件】　栽植过密、定植后浇水过多、土壤潮湿发病重。

【防治方法】　发病初期可用下列药剂喷雾防治：75％百菌清可湿性粉剂500～700倍液，或72.2％霜霉威水剂800倍液，或72％霜脲·锰锌可湿性粉剂700倍液。注意喷布叶背，每隔7～10天1次，连喷2～3次。

（三）灰霉病

【症状】　苗期发病呈水浸状腐烂，上面着生灰色霉层。成株多从近地叶开始发病，初期病斑水渍状，潮湿时病斑迅速扩大，呈褐色。本病多自下而上蔓延至内部叶片，引起叶球内部腐烂。

【发病条件】　该病发生与寄主生育状况有关。寄主衰弱或受低温侵袭、空气相对湿度高于 94％及适温（20℃～25℃）易发病。

【防治方法】　发病初期可用下列药剂喷雾防治：40％嘧霉胺悬浮剂 1000 倍液，或 50％乙烯菌核利可湿性粉剂 1000 倍液。每隔 7～10 天 1 次，连喷 2～3 次。

（四）顶烧病

【症　状】　叶球内部叶片发生生理性障碍而引起的病害。发病初期叶球内部叶边缘枯焦变褐，水分大、温度高时叶片腐烂。

【发病条件】　通常外叶尚好，切开后才见病害。一般叶球接近成熟时发病。土壤高温突然浇水是引起本病的主要原因。

【防治方法】　该病为生理病害，无药物防治，只有从选育抗性品种、供水均匀和氮、磷、钾肥配合使用、后期切忌氮肥过多等农艺措施上去预防。

（五）蚜虫　可采用 3％啶虫脒乳油 1000～1250 倍液喷雾防治。但防治应在包心前，防治过晚造成叶片污染。也可用 22％敌敌畏烟剂熏烟，每 667 平方米用药 500 克。

（六）菜青虫　可用下列药剂喷雾防治：50％辛硫磷乳油800～1000 倍液，或 10％氯氰菊酯乳油 2000 倍液。

第三节　紫甘蓝

　　紫甘蓝又名红甘蓝、紫洋白菜、紫苞菜等。十字花科芸薹属甘蓝种的一个变种。原产欧洲地中海沿岸。紫甘蓝的栽培食用在我国仅有十余年的历史，主要供应宾馆、饭店。紫甘蓝以紫红色的叶球为食，营养丰富，尤其含有丰富的维生素 C、维生素 U，同时含有较多的维生素 E 和 B 族维生素。每百克食用部分含蛋白质 1.4克、脂肪 0.1 克、总糖 3.3 克、钙 57 毫克、磷 42 毫克、铁 0.7 毫克。结球紧实，色泽艳丽，抗寒耐热，病虫害少，产量高而耐贮运，是一种颇有发展前景的蔬菜。

一、生物学特性

(一)植物学特征

1. **根** 紫甘蓝为圆锥根系,主根不发达,须根多,易生不定根。根系主要分布在土表层 30 厘米深和 80 厘米宽的范围内。根吸收肥水能力很强,而且有一定的耐涝和抗旱能力。

2. **茎** 紫甘蓝的茎分为内、外短缩茎。外短缩茎着生莲座叶,内短缩茎着生球叶。内短缩茎越短、包心越紧密,食用价值越大。通过低温春化后,内短缩茎顶芽进行花芽分化,抽出形成直立的花茎,俗称"抽薹"。花茎、花枝颜色也是紫红色。

3. **叶** 紫甘蓝的叶片在不同时期形态有变化。子叶为心脏形;基生叶和幼苗叶具有明显的叶柄,莲座期开始结球,叶柄逐渐变短,以至无叶柄。据此判断品种特征、生长日期和预兆结球,可作为栽培管理的形态指标。叶色深紫红色,叶面光滑、肉厚,覆有灰白色的蜡粉,有减少水分蒸腾的作用,故能抗旱和抗热。初生叶较小,倒卵圆形;中生叶较大,呈卵圆形、椭圆形或近圆形的莲座状,即为同化器官的功能叶。莲座期以后,叶片向内弯曲,逐渐抱合成叶球。早熟品种外叶数一般 14～16 片,中晚熟品种 20 片以上。

4. **花** 紫甘蓝种株抽薹开花后形成复总状花序,异花授粉,与其他甘蓝类的变种和品种间能互相授粉杂交,自然杂交率在70%左右,因此采种隔离应在 2 000 米以上。

5. **果实和种子** 紫甘蓝种子同结球甘蓝一样,果实为长角果、圆柱状,表面光滑,略似念珠状。成熟时膜增厚而硬化,种子排列在隔膜两侧,生成形状不整齐的圆球状,黑褐色,无光泽,千粒重一般为 4 克左右。种子寿命在一般室内条件下可保存 2～3 年。

(二)对环境条件的要求

1. **温度** 紫甘蓝喜温和气候,也有一定抗寒和抗热能力。15℃～20℃为种子发芽最适温度,但在 25℃～30℃较高温度条件下也可正常发芽。20℃～25℃是最适外叶生长的温度,但幼苗时能忍受0℃的低温和35℃的高温。结球最适温度为15℃～20℃;25℃以上的较高温度时,同化减弱,呼吸加强,基部叶片变枯,短缩茎伸长,结球疏松,品质、产量下降;在5℃的低温下,叶球仍可微弱生长。

2. 水分 紫甘蓝在幼苗期和莲座期能忍耐一定的干旱和较潮湿的气候,但在80%～90%的空气相对湿度和70%～80%的土壤湿度下生长良好。空气相对湿度低对生长发育影响不大,但土壤水分不足就会影响结球和降低产量。若是土壤水分过多、雨涝排水不良,根系呼吸受阻,造成根系变黑、腐烂或植株感染黑腐病或软腐病。

3. 光照 紫甘蓝为长日照作物,未通过低温春化前,充足的日照有利于生长。对光强度要求不像果菜类那么严格,光饱和点较低,为3万～5万勒,在结球期要求日照较短和较弱的光照。

4. 土壤营养 紫甘蓝对土壤适应性较广,砂壤土、壤土、黏壤土均可,但以壤土最适。最适土壤pH值为6.5左右。紫甘蓝是喜肥耐肥的蔬菜,要求肥力水平较高。氮肥是紫甘蓝叶片、叶球生长所需的重要元素,生长过程应注意氮肥的施用,每次追肥以每667平方米15～20千克为适量界限,浓度过高会出现生理障碍,施用肥料种类以硝态氮为好。紫甘蓝是需磷量较多的蔬菜,磷肥对紫甘蓝结球紧实有重要作用。一般磷肥多作基肥用,也可以在结球期进行多次叶面追肥,对结球有良好效果。钾肥在生长初期吸收量很少,到结球开始以后吸收量增加,在收获期吸收量最大。氮、磷、钾三要素吸收比例是3∶1∶4,施用时应注意配合使用。

此外,在紫甘蓝植株内,钙的含量也较多,仅次于氮素。如缺钙或不能吸收钙时,在生长点附近的叶片就会引起干枯或心腐病(即烧心)。特别是多施氮肥、多施钾肥或在冬季不易吸收钙的时候容易发生,应注意预防。

微量元素中,硼是容易缺乏的元素。硼不足时,易引起生长点和新生组织形成恶化、组织变黑、维管束破坏等。一般每 667 平方米施用硼砂 1~2 千克,基本可满足其生长的需要。

二、品种选择

（一）早红　从荷兰引进,早熟品种,从定植到收获 65~70 天。植株中等大小,生长势较强,开展度 60~65 厘米。外叶 16~18 片,叶色紫红色。叶球为卵圆形,基部较小、突出,单球重 0.75~1 千克,每 667 平方米一般产量可达 2 000~3 000 千克。

（二）红亩　从美国引进,中熟品种,从定植到收获 80 天左右。植株较大,生长势强,开展度 60~70 厘米,株高 40 厘米。外叶 20 片左右,叶色深紫红色。包球紧密,叶球近圆球形,单株重 1.5~2 千克,每 667 平方米产量可达 3 000~3 500 千克。

（三）巨石红　从美国引进,中熟品种,从定植到收获 85~90 天。植株较大,生长势强,开展度 65~70 厘米。外叶数 20~22 片。叶球深紫红色,圆形略扁,直径 19~20 厘米,单球重 2~2.5 千克,每 667 平方米产量可达 3 500~4 000 千克。耐贮性强。

（四）90-169　北京蔬菜研究中心育成的早熟一代杂种,从定植到收获 70~80 天。植株开展度 45~50 厘米。叶色深红,蜡质较多,外叶 12~14 片。叶球紫红色,近圆形,中柱高 4~6 厘米,质地脆嫩,品质好,适生食。耐热耐寒性强,抗裂球性好,叶球充实后可延长采收。

（五）紫甘1号　从国外引进的紫甘蓝品种中选出,中熟品种,从定植到收获 80~90 天。植株较大,生长势较强,开展度 65~70 厘米。外叶 18~20 片,叶色紫红,背覆蜡粉较多。叶球圆球形,单球重 2~3 千克,每 667 平方米产量可达 3 000~3 500 千克。耐贮性及抗病性较强。

（六）特红1号　北京市特种蔬菜种苗公司从荷兰引进的紫甘

蓝中选出,早熟品种,从定植到收获 65～70 天。植株生长势中等,开展度 60～65 厘米。外叶 16～18 片,叶紫色,有蜡粉。叶球卵圆形,基部较小,紧实,单球重 0.75～1 千克,每 667 平方米产量可达 2 500 千克左右。

三、茬口安排

现将华北地区大棚日光温室紫甘蓝栽培茬口安排(表3)介绍如下,供各地参考。

表3 大棚日光温室紫甘蓝栽培茬口安排 (华北地区)

栽培方式	播种期	定植期	收获期	主要品种
日光温室	10月下旬至 12月上旬	12月中旬至 翌年2月中下旬	2月上旬至5 月上中旬	早红、红亩等
大棚春提前	12月中下旬	翌年3月上旬	5月中下旬	早红、红亩等
大棚秋延后	7月上旬	8月上中旬	11月上中旬	红亩、巨石红等

四、日光温室和塑料大棚紫甘蓝冬春栽培技术

(一)育 苗

1. 品种选择 冬春保护地栽培应选择耐寒耐热的早熟或中熟品种,如早红、90-169、红亩等。

2. 播种期 日光温室播种期不甚严格,根据上市要求可在10月下旬至12月上旬育苗;大棚在12月中下旬育苗。由于此时外界温度低,育苗需在日光温室中进行。

3. 苗畦准备 苗床应施足基肥,每平方米施腐熟有机肥10～15千克、复合肥0.1千克。苗床消毒可用药土,药土用1份甲基硫菌灵可湿性粉剂加100份过筛细土配制。其中1/3撒于床面作垫土,2/3用于播后覆土。

4. 播种 选晴天播种。播前整平畦面,浇足底水。待水渗下

后,先撒1层药土,然后将种子均匀撒入育苗畦内,播量约为每平方米3克。播后再覆盖1厘米厚的过筛细土。注意覆土要均匀、切防过厚,否则出苗不整齐。

5. 育苗畦的管理　紫甘蓝播种后,温室内气温白天应保持在25℃左右、夜间15℃左右。适宜温度条件下2～3天即可出苗。幼苗出齐后,再把温室气温降到白天20℃、夜间10℃,以防止幼苗胚轴伸长。为防止地温降低造成幼苗生育延迟,育苗畦内一般不浇水。播种后20～30天、当幼苗长至3片真叶时,应及时分苗。

6. 分苗　分苗畦准备方法同育苗畦。分苗前1天,先将育苗畦浇透水,以便在起苗时减少伤根。起苗后将幼苗按8厘米见方移栽到分苗畦。苗栽好后及时浇水,同时每66.7平方米(1分地)追施尿素1千克,促进幼苗生长和缓苗。分苗45～60天、当幼苗长至6～8片真叶时即可定植。

7. 分苗期管理

(1)温度　分苗后,为增加温度、促进缓苗可搭建小拱棚,小拱棚内气温白天保持在25℃左右、夜间15℃左右。3～4天缓苗后撤小拱棚降温,温室气温白天保持在18℃～20℃、夜间10℃左右,使幼苗生长健壮、不徒长。定植前当幼苗长至6～8片叶时,为提高幼苗的抗寒性,应进行低温锻炼,温室气温白天保持在15℃左右、夜间7℃～8℃,逐渐地接近于定植环境的温度。

(2)水肥　分苗后及时浇水,3～4天缓苗后再浇1次水。此后中耕松土保持土壤上干下湿即可。一直到定植前7天左右再浇1次水,然后起坨囤苗。

8. 壮苗标准　未通过春化阶段的具有6～8片真叶的较大壮苗,苗龄70～90天,茎(下胚轴)和节间短,叶片厚、色泽深,茎粗壮,根群发达。

(二)定　植

1. 施肥整地　定植前施足基肥,一般每667平方米施用土杂肥、堆肥、猪粪等有机肥 4 000～5 000 千克、过磷酸钙 20～30 千克、草木灰 150 千克,与土壤耕耙均匀后整地做畦。按行距 60 厘米做宽 30 厘米、高 15 厘米的小高畦。

2. 定植期　日光温室在 12 月上旬至翌年 2 月中下旬,大棚在 3 月上旬。

3. 定植方法　高畦定植一般采用水稳苗,即按行距开沟浇水再将苗子定植于沟内。定植密度行株距 60 厘米×50 厘米,每 667 平方米 2 000～2 200 株。早熟品种如早红、特红 1 号、90-169 等,行株距 60 厘米×40 厘米,每 667 平方米定植 2 500～2 600 株。

（三）田间管理

1. 温度　紫甘蓝从定植到缓苗阶段温室气温可以高一些,以促生根缓苗,白天保持在 25℃左右、夜间 15℃左右。缓苗后逐渐降温,白天温室气温保持在 20℃左右。结球期温室气温白天保持在 15℃～20℃、夜间 10℃左右。

2. 肥水管理　定植时外界气温低,采取水稳苗定植,可在浇水时,每 667 平方米施用硫酸铵 7.5～10 千克,以促进缓苗和提高地温,增强幼苗的抵抗能力。缓苗后再浇 1 次水,然后中耕。为使莲座叶长得健壮、根系发达,要适当控制浇水,15～20 天浇 1 次。

从定植到莲座后期需 30～40 天,当心叶开始内合时表明已进入结球期。结球期是紫甘蓝生长最快、生长量最大的时期,也是需要肥水量最大的时期,保证充足的肥水是长好叶球的基础。所以结球期要结合浇水追肥 2～3 次:每 667 平方米结球初期追尿素 10～15 千克,结球中期 7～10 千克,结球后期 5 千克。浇水以保持地面湿润为准,地面见干就要浇水。但收获前期不要肥水过大,以免裂球。

（四）收获　紫甘蓝进入结球末期后,当叶球抱合达到相当紧实时即可收获。收获标准是叶球充分紧实、切去根蒂、去掉外叶,做到叶球干净、不带泥土。

五、大棚紫甘蓝秋延后栽培技术

（一）**品种选择**　一般选择耐热耐寒耐贮性强的中熟品种，如巨石红、红亩、紫甘1号等。

（二）**播期**　因秋延后栽培的紫甘蓝生长后期气温逐渐降低，所以播种期应严格掌握，可稍提前，但不能过晚，以免产生结球不紧的现象。播种期一般在7月上旬。

（三）**育苗**　播种育苗时正值高温多雨季节，所以育苗时要采取防雨措施，防止雨水冲刷。方法是采用塑料拱棚覆盖，但要注意将拱棚四边撩起，保证通风。

夏季育苗温度高、生长快，苗龄不宜过长，一般为30～40天。苗龄若过长，苗子易徒长，形成细弱苗，定植后缓苗慢、易死苗，造成产量降低。

（四）**田间管理**　莲座期以前要促进植株的生长，在结球期到来之前同化叶面积达到充分生长的程度，为结球紧实、产量高打下基础。另外，要防止后期温度降低导致包球不实。

（五）**扣棚**　一般在10月上旬扣棚。扣棚后要注意通风，防止温度过高。进入11月份采取保温措施，尽量延长生长期。

其他栽培技术同温室大棚冬春栽培。

（六）**收获贮藏**　紫甘蓝达到采收标准时即可采收上市。也可收获后冬季窖藏贮存，或收获时带根假植贮藏，延长紫甘蓝的市场供应时间。

六、病虫害防治

（一）**紫甘蓝霜霉病**

【**症　状**】　此病在植株整个发育期均可发生。发病多从外叶开始。初期在叶的背面和正面形成深紫色不规则小斑，逐渐扩大成较大的坏死病斑，病斑中央浅黄褐色、边缘深紫色。同时在叶背面病部长出霜状霉层,多个病斑相互连接,形成大的坏死斑,直至整个叶片坏死。

【发病条件】 病菌孢子萌发温度 8℃～12℃,侵入适温 16℃。菌丝生长适温 20℃～24℃。孢子囊形成、萌发和再侵染需要水滴或水膜,因而空气相对湿度高低、结露时间长短,直接影响此病发生轻重。一般连阴雨天发病重,保护地通风不良、连茬或间套种其他十字花科蔬菜也易发病。

【防治方法】 发病初期可用下列药剂喷雾防治:72%霜脲·锰锌可湿性粉剂 600～800 倍液,或 69%烯酰·锰锌可湿性粉剂 800 液。

(二)褐 腐 病

【症 状】 真菌性病害。此病在紫甘蓝全生育期均可发生,以苗期发病普遍而严重,常造成大片死苗。病菌主要侵染植株根茎部,使茎部变褐。多数病苗染病后根茎略缢缩,沿病部向上、向下发展,使根茎和幼根变褐坏死而腐烂。空气潮湿病部产生较稀疏灰白色蛛丝状物。紫甘蓝成株期发病,多造成植株根部和根茎褐色腐烂,同时基部叶柄呈灰褐色至紫褐色坏死腐烂,最终使植株萎蔫。

【发病条件】 病菌在 6℃～40℃温度条件下均可生长,以 20℃～30℃为宜。土壤潮湿或有自由水时,适宜发病。田间湿度大、较长时间积水、土壤板结、栽植过深或施用未腐熟的有机肥发病较重。

【防治方法】

(1)农业措施 施用充分腐熟的有机肥。浇水时注意浇小水,避免田间积水。

(2)化学防治 发病初期可用下列药剂喷雾防治:50%多菌灵可湿性粉剂 500 倍液,或 5%井冈霉素水剂 500 倍液,或 72.2%霜霉威水剂 600 倍液。

（三）紫甘蓝病毒病

【症　状】　苗期染病，心叶扭曲畸形，叶色浓淡不均，心叶与外叶比例严重失调，扭帮（菜帮子）卷缩，不包心。中后期染病，外叶颜色浓淡不均，叶片不能正常展开，呈勺状上卷，叶面抽缩。心叶畸形呈波纹状不规则扭曲，不包心或心叶不能相互抱合或包心松散。随着病害的发展外叶上出现不规则灰褐色坏死斑，最后植株逐渐萎蔫、干缩坏死。

【防治方法】　发病初期可用下列药剂喷洒防治：20％吗胍·乙酸铜可湿性粉剂 500 倍液，或 0.5％菇类蛋白多糖 250 倍液。

（四）蚜虫　可用下列药剂喷雾防治：3％啶虫脒乳油 1 000～1 250 倍液，或 10％吡虫啉可湿性粉剂 1 500 倍液，或 10％氯氰菊酯乳油 2 500～3 000 倍液。

（五）菜青虫　可用下列药剂喷雾防治：5％氟啶脲乳油 1 000倍液，或 1％甲氨基阿维菌素苯甲酸盐乳油 2 000～3 000 倍液，或 20％甲氰菊酯乳油 1 000～1 500 倍液。

第四节　紫 菜 薹

紫菜薹别名红菜薹、红油菜薹。属十字花科芸薹属芸薹种白菜亚种的一个变种，为一年生或二年生草本植物。每 100 克鲜菜中含水分 92.3 毫升、碳水化合物 4.2 克、蛋白质 1.6 克、脂肪 0.3克、钙 135 毫克、磷 27 毫克。以花薹为主要食用部分，品质柔嫩，炒食或制汤，其味鲜美。

紫菜薹是我国特产蔬菜，主要分布在长江流域，而以湖北武昌、四川成都栽培较多。随着"南菜北种"的形势发展，近年来紫菜薹已在我国北方地区推广种植。由于它具有对温度、光照要求不严格的特点，表现了较强的适应性，采取一定的保温措施即可做到周年栽培、周年供应市场。

一、生物学特性

（一）植物学特征　紫菜薹根系较浅,主根不发达,须根多,再生力强。茎短缩,发生多数基叶。叶椭圆形或卵形,绿色或紫绿色。叶缘波状,基部深裂或少数裂片,叶脉明显,叶柄长,均为紫红色。花薹近圆形,紫红色。腋芽萌发力强,每株可采收侧薹7～8条或20～30条。薹叶倒卵形或近披针形,基部抱茎或为耳状。完全花,花冠黄色。长角果。种子近圆形,紫褐色至黑褐色,千粒重1.5～1.9克。

（二）对环境条件的要求

1. 温度　紫菜薹适于冷凉气候。种子发芽适温为25℃～30℃。幼苗的适应温度范围较宽,20℃左右生长迅速,25℃～30℃的较高温度也能生长,15℃以下生长缓慢。菜薹发育适于较低温度,10℃左右菜薹发育良好,20℃以上较高温度则发育不良。

2. 光照　紫菜薹的生长发育对光照的长短要求不严格,只要有适当的低温,光照长短都可通过春化而抽薹开花。当然紫菜薹整个生长发育过程还是需要较充足的光照条件,特别是菜薹形成期,若光照不足,会影响光合作用,菜薹生长细,产量降低,品质差。所以保护地栽培要保证光照比较充足,满足紫菜薹生长发育的需要。

3. 水分　紫菜薹根系不发达,且分布浅,但叶面积较大,因而需水量较多,不耐干旱。在植株生长期要经常保持充足的水分。尤其是在植株现蕾后更需供应充足的水分,以加速生长,保证菜薹的形成。

4. 土壤营养　紫菜薹对土壤的适应性较广,但是以保水保肥能力强、有机质多的壤土或砂壤土最为适宜。由于紫菜薹根系分布浅、吸收能力差、生长期短、生长量大,对肥水要求高,除施足基肥外,生长过程要进行多次追肥。每生产500千克菜薹约吸收氮

1.3 千克、磷 0.35 千克、钾 1.25 千克,氮、磷、钾三要素之比为 3.5∶1∶3.4。

二、品种选择

(一)十月红 植株中等,叶丛较开展,株高 50 厘米以上,种后 60 天左右可采收,早期产量高。叶绿色,广卵形。中肋叶脉、薹均为紫色。薹长约 50 厘米,基部粗约 1.87 厘米,单株产薹 0.5 千克左右。早熟,丰产,抗寒性较强。薹粗壮,质脆嫩,品质好,食用率高。

(二)九月鲜 极早熟,从播种至始收 55 天左右。莲座期叶少。外叶呈三角形,叶片绿色,叶柄、薹浅紫红色,薹叶披针形。每株侧薹 6~8 根。

(三)大股子 早熟种。植株高大而开展。基叶椭圆形,叶柄、中肋均为紫色。主薹高 50~60 厘米,茎粗约 2 厘米,紫红色。腋芽萌发力强,每株可收侧薹 20~30 根,品质较佳,单株产菜薹 0.5 千克左右。

(四)胭脂红 晚熟种。植株中等。基叶长卵形,紫绿色。主薹高 40~50 厘米,径粗约 1.6 厘米,深紫红色。腋芽萌发力较弱,侧薹较少,品质优良,单株产菜薹 0.4 千克左右,耐寒力强。

(五)尖叶子 早熟种。植株矮小。基部叶近披针形,顶端稍尖,深绿色。叶柄和叶脉紫色。主薹较小,腋芽萌发力强,侧薹多,品质中等。

(六)二早子 又名圆叶子。中熟种。植株中等。基叶卵圆形,绿色。叶柄和叶脉紫色。薹较大,腋芽萌发力强,侧薹较多,抽薹整齐,品质好。

三、茬口安排

现将华北地区大棚日光温室紫菜薹栽培茬口安排(表 4)介绍

如下,供各地参考。

表 4 大棚日光温室紫菜薹栽培茬口安排 (华北地区)

栽培方式	播种期	定植期	收获期	主要品种
日光温室	9月中旬至翌年1月下旬	10月上中旬至翌年2月下旬	11月中旬至翌年3月下旬	十月红、九月鲜等
大棚春提前	2月上旬至2月中旬	3月上旬至3月中旬	4月上旬至4月下旬	十月红、九月鲜等
大棚秋延后	8月下旬至9月上旬	9月中旬至9月下旬	10月下旬至11月中旬	十月红、九月鲜等

四、日光温室紫菜薹栽培技术

(一)育苗 紫菜薹可以直播,也可育苗移栽,以育苗移栽为主。紫菜薹的育苗时间一般为20～30天。育苗时期生长的好坏对紫菜薹的产量和质量影响很大,所以培育壮苗是高产优质的关键。符合生产要求的壮苗标准是:主根正常须根多,植株较粗壮。4～5片叶,叶片完整无病虫害,叶柄较长,紫红色,已形成一定营养面积,并且已有一定的发育基础。培育壮苗措施如下。

1. 适时播种 冬、春季育苗低温持续时间长,可用温水浸种4小时,然后用湿布包起来,保持布包潮湿,放在适宜发芽的温度处催芽后播种。播种时应选择晴暖天气,不要在寒潮来时或阴天时播种,因为这时播种会造成"冷芽",使幼苗提早通过春化阶段而提前抽薹,植株就会变成细弱苗。

日光温室生产应排开播种,避免采收期集中,以免阶段性产品过量给销售带来困难。15～20天为一播期,这样能够每天保证市场供应。

2. 适当稀播,及时间苗 紫菜薹育苗移栽一般每667平方米用种400～500克。播种方式一般为撒播。在幼苗真叶展开后要及时间苗,随着幼苗的长大再继续间苗1~2次,保持幼苗之间都有一定的苗距。

3. 合理施肥浇水　育苗期以基肥为主,追肥为辅。育苗地每667平方米施优质有机肥1 500~2 000千克作基肥,幼苗长出第一片真叶时追1次速效性肥料。苗期追肥2次即可,以氮肥为主。

苗畦要保持湿润不干,每次浇水量不宜大,在冬、春季地温较低的情况下更要注意这一点。夏、秋季气温高的情况下要小水勤浇。

4. 及时移栽定植　紫菜薹生长期短,阶段发育时间也短,所以应及时移栽定植。苗龄过长就会出现小老苗现象,移植伤根多,恢复生长慢,也容易提早抽薹。幼苗4~5片叶时,基本完成了后期叶片原始体的分化,既有了一定营养面积又有了一定的发育基础,这时及早定植最适宜。

（二）定　植

1. 施肥整地　定植前每667平方米要施用充分腐熟的鸡粪、猪粪及堆肥、草木灰1 500~2 000千克作基肥,再施过磷酸钙30千克。采用畦栽,畦宽1.2米。每倒一次茬口都要重新施入有机肥,翻地深约20厘米,以利于保水保肥。

2. 定植密度　紫菜薹产量取决于单位面积的种植株数和每株菜薹的重量,合理密植是增产的有效措施。如何确定栽培密度需考虑栽培季节和品种特点2个因素。早熟品种生长期短,植株较细小,叶片较小且窄,则可加大密度;中晚熟品种生长期较长,叶片宽大,叶数多,植株粗壮,栽植密度小些。一般行株距为30~60厘米×20~23厘米。

3. 定植方法　起苗时要注意不能伤根,带根越多越好。冬、春季栽植时采取暗水栽植方法,先按行距开沟,然后往沟内浇水,待水渗下后摆苗,最后覆土埋沟;秋季采取明水栽培。为了使植株生长整齐,栽苗时选优去劣,大小苗分开移栽到不同畦内,方便管理。

（三）定植后管理

1. 肥水管理　紫菜薹幼苗定植时要浇足定植水，缓苗后再浇1 次水，同时每 667 平方米追施尿素 5 千克，以促进幼苗生长。在整个生长过程中，要根据植株生长情况进行追肥浇水。紫菜薹的生长从慢到快。苗期根系少、叶片小，肥水需要量较小，一般要掌握小水勤浇、薄肥勤施的原则，3～4 天施 1 次肥水。从定植到幼苗缓苗、恢复正常生长后，植株生长加快。进入叶片生长的旺盛时期，要供给充足氮肥，在植株现蕾前每 667 平方米施尿素 10 千克，并配合施用一些钾肥如施硫酸钾 10 千克。此时要保证水分供应，促进叶片生长和菜薹的发育。

进入菜薹形成期，植株生长健壮旺盛，菜薹发育正常，可以不再追肥。若是菜薹现蕾抽薹缓慢，或者菜薹细弱，应及时重追施 1 次肥水，促进菜薹生长。如果植株生长旺盛、叶片肥大，现蕾后迟迟不抽薹，表明营养生长过旺，这时应控制肥水，促进菜薹的抽出，待菜薹抽出后再施肥水。在主薹采收后可以追施 2～3 次重肥，每667 平方米每次追尿素 10 千克，加强侧薹生长阶段的后劲，促进侧薹生长发育。

2. 温度管理　紫菜薹生长前期温室内气温可控制稍低一些，以保持在 15℃～18℃为宜，不要超过 20℃。用调节风口大小和通风时间来控制温度。控温的目的是促进植株生长，增加叶面积营养，防止过早抽薹。紫菜薹现蕾前，温室气温控制以昼温 20℃、夜温 15℃为好，有利于菜薹生长发育。温度过高或过低对菜薹生长都不利，易造成菜薹纤细、产量低、质量差。

3. 采收　紫菜薹的采收标准，一般是菜薹长到 30～40 厘米高、且花初开放时。为了保证侧薹质量，主薹采收位置要适当，一般应在菜薹基部采收，保留少数腋芽，这样萌发的侧薹较粗壮。采薹时切口略倾斜，以免积存肥水引起软腐病。

五、病虫害防治

(一)霜霉病

【症　状】　苗期发病致子叶变黄枯死。真叶发病多始于下部叶背,初生水渍状淡黄色周缘不明显的病斑。水渍状病斑持续较长时间后,病部在湿度大或有露水时长出白霉,或形成多角形病斑。

【发病条件】　在湿度高、气温低至10℃～15℃时易发生和流行。过分密植、株间湿度大发病重。

【防治方法】

(1)生态防治　调节温室内的湿度和温度,使室内空气相对湿度降到70%以下。

(2)药剂防治　可用下列药剂喷雾防治:75%百菌清可湿性粉剂500倍液,或64%噁霜·锰锌可湿性粉剂500倍液,或70%代森锰锌可湿性粉剂500倍液,或72.2%霜霉威水剂600～800倍液,或69%烯酰·锰锌可湿性粉剂1 000倍液。

(二)软腐病

【症　状】　多发生在生长后期。病部呈水渍状,之后菜株变黄,外叶萎垂或溃烂,病组织内充满污白色或黄褐色黏稠物。湿度大时病程进展迅速,致菜薹腐烂枯死。

【发病条件】　地表积水,土壤中缺少氧气,不利于根系发育发病重。

【防治方法】

(1)土壤处理　用敌克松进行土壤消毒。

(2)农事预防　管理时减少机械损伤,灌水防止大水漫灌和淹没采收刀口。

(3)药剂防治　发病初期可用下列药剂喷雾防治:3%中生菌素600～800倍液,或20%噻森铜悬浮剂500～600倍液。每隔10

天 1 次,连续防治 2～3 次。

(三)黑 腐 病

【症　状】　先危害子叶,后致真叶发病。病部叶脉上出现黑色小点或小条斑,定植后,叶缘上边出现"V"字形斑,随叶片生长病斑不断扩大,致叶脉、叶柄呈褐色或黑色,病菌侵入茎部维管束后,叶片继续发病,菜株逐渐萎蔫枯死。

【发病条件】　高湿环境、叶面结露、叶缘吐水,利于病菌侵入而发病。

【防治方法】　发病初期可用下列药剂喷雾防治:3%中生菌素 600～800 倍液,或 40%硫酸链霉素 1 200～1 500 倍液,或 12%松脂酸铜乳油 600 倍液。每隔 10 天 1 次,连喷 2～3 次。

第五节　香　椿

香椿别名香椿头和椿芽等。属楝科楝属中以嫩茎叶供食用的栽培种,多年生落叶乔木。香椿原产于我国,已有 2 000 多年的栽培历史。香椿的嫩芽是一种营养价值和药用价值都很高的蔬菜珍品,每 100 克鲜嫩茎叶中含水分约 84 毫升、蛋白质 9.8 克左右、维生素 C 约 58 毫克及钙、磷、维生素 A、维生素 B_1、维生素 B_2 等,并具有独特的浓郁芳香气味。可炒食、凉拌、油炸、干制和腌渍。我国是惟一用香椿作蔬菜的国家,山东、安徽、河南和陕西等地广泛栽培。

近些年,利用日光温室生产香椿的体芽,解决了春节前后蔬菜市场的供应问题,而且经济效益可观,已经引起生产者和消费者的极大兴趣。香椿作为一种珍稀的特种蔬菜具有诱人的发展前景。

一、生物学特性

(一)植物学特征

1. 根 香椿的根系发达,一年生苗木的主、侧根粗大,主要水平分布在 25 厘米以上的耕层内。

2. 茎 香椿树干高大挺直,可达 15～18 米甚至 30 多米高。一年生实生苗木一般高度为 0.6～1.4 米。香椿枝条顶端优势极强,所以主枝生长速度极快,每年可生长 1.5 米左右。主枝顶芽强烈抑制下方叶腋的侧芽呈潜伏状态。在适温条件下,主枝顶芽先萌发,顶芽长达 4～5 厘米后,其下临近的少数侧芽才萌动,且生长缓慢。顶芽摘除后,侧芽生长加快。香椿隐芽萌发力强,耐修剪,可平茬矮化密植栽培。作为食用器官的香椿嫩芽是一年生枝顶端刚萌发出来的新梢和嫩叶。

3. 叶 子叶椭圆形。初生叶对生,多为 3 小叶组成。顶生小叶卵形,叶缘有锯齿。真叶互生,为偶数羽状复叶。小叶 10～20 对,近对生,长披针形。叶痕近三角形,具有 5 个明显的维管束痕。

4. 花、果实和种子 香椿为圆锥形花序,顶生或腋生。花为两性花,5～6 月份开花,花白色有芳香。果实为蒴果,呈狭椭圆形,深褐色。种子椭圆形,扁平,有膜质长翅,红褐色。自然贮存条件下,发芽力可保持半年左右。千粒重 10～15 克。

(二)对环境条件的要求

1. 温度 香椿喜温和气候,耐寒能力强。香椿种子发芽适温为 20℃～25℃。香椿在日平均气温 8℃～10℃时顶芽萌发;12℃时嫩叶展开,但生长缓慢;15℃时椿芽抽生,生长加快,易形成木质纤维,使椿芽品质降低。香椿枝叶生长适温为 16℃～20℃,最适温为 20℃～25℃。气温低于 8℃～10℃或高于 35℃,枝叶停止生长。香椿的光合适温为 22℃～24℃。

香椿耐寒力强。但耐寒力与品种、土壤和树龄及苗木木质化程度等因素有关。一般长江以南的品种,茎秆髓心大,树皮薄,不抗冻。而长江以北及淮河流域的品种,苗木生长缓慢,抗冻能力强。成龄树能耐－20℃低温,若土质好能耐－27℃低温。而一年生苗木若木质化程度差,耐寒性差,一般－10℃则主干冻死。

2. 光照　香椿喜光忌强光,特别是幼苗木质化前忌强光。香椿树干忌强光直射,否则易出现日灼现象。

3. 水分　香椿喜湿耐旱怕涝。香椿幼苗期最适土壤湿度为85%左右。土壤干旱生长缓慢。土壤渍水呈徒长症状,易发生根腐病,故雨后应及时排水防涝。

4. 土壤营养　香椿成龄树对土质要求不严,喜土层深厚肥沃的石灰质土壤。瘠薄的沙石山地或黏重的土壤上均能生长,但生长缓慢。幼龄苗木对土质要求较严格,以轻壤土或沙质壤土为圃地最适宜。香椿对土壤酸碱适应能力强,适宜的土壤 pH 值范围较广,为 5.5～8,但在中性或弱碱性土壤中生长最好。

香椿喜肥水,肥水充足时,树体生长快,椿芽产量高,而且肥嫩。

二、品种选择

北方日光温室栽培香椿,以选择长江以北地区的种子为宜。

(一)红香椿　初生芽薹和嫩叶棕红色,鲜亮。嫩芽的芽薹及复叶柄粗壮,脆嫩多汁,纤维少,味道纯正,香气浓,味甜,无苦涩味。在湿润肥沃的土壤生长极快,加之其椿芽较耐低温,适合保护地栽培。

(二)红芽绿香椿　嫩芽棕红色,很快转为绿色,鲜亮。嫩芽粗壮,鲜嫩味甜,汁多,纤维少,发芽较早,生长较旺盛,产量高,幼芽木质化缓慢,适于日光温室早熟栽培。

(三)褐香椿　嫩芽褐红色,展叶后呈褐绿色。芽肥壮,叶厚而大,芽薹粗壮,香味浓郁。主干粗壮而短,可密植。喜肥水,不耐旱,不耐冻。品质优良,适于温室栽培。

(四)黑油椿　嫩芽初放时紫红色,嫩叶有光泽,叶面有皱纹。嫩芽肥壮,香气特浓,脆嫩汁多,无苦涩味,品质上等。

(五)薹椿　初出芽薹及嫩叶红褐色,叶展开后表面黄绿色。芽薹和叶轴特别粗壮而长,幼芽不易木质化,其外形和质地似菜薹而得名。脆嫩,味浓,上市期长,是日光温室栽培的优良品种。

(六)红油椿　芽初放时芽薹及嫩叶鲜红色,油亮,5～7 天后颜色加深。商品芽、芽薹下部及复叶下部的小叶绿色,背面褐色。红油椿苦涩味较重,生食时需用开水连烫 1～3 秒钟。本品种嫩芽粗壮,香气浓,品质上等。

三、日光温室香椿栽培技术

(一)实生苗木培育技术　香椿苗木的培育一般采用种子播种繁育实生苗木。

1. 选取优质种子　优质的种子必须是上一年新采的。种子要饱满,颜色新鲜,呈红黄色。种仁呈黄白色。净度在 98% 以上,发芽率在 80% 以上。

2. 苗圃选择与整地做畦　应选择地块不涝、土质不黏且疏松肥沃、背风向阳、光照充足、排水良好且充分熟化的土壤。苗圃地每 667 平方米施优质有机肥 5 000 千克、磷肥 200 千克。深翻 30 厘米,搂平耙细后,按 1～1.5 米做畦。

3. 浸种催芽　香椿种子粒小,一般每 667 平方米用种子量 3～4 千克。为提高成苗率、使苗齐苗壮,播种前要浸种催芽。先把种子的翅翼搓揉除去,然后用 20℃～30℃ 的温水浸种 12 小时。捞出种子,控出多余的水分,放在 20℃～25℃ 的环境下催芽,每天用 25℃ 左右的温水冲洗 1～2 遍。当有 30% 以上种子出芽时即可播种。

4. 播　种

(1)播种期　露地播种一般在3月底4月初(华北地区)。为了加长苗木生育期、培育壮株大苗,可采用保护设施提早播种。日光温室可在2月上旬播种育苗。

(2)播种方法　日光温室育苗采用撒播法,露地育苗采用条播法。

①撒播法:播前浇足底水,把已催出芽的种子均匀撒在畦面,并用过筛细土覆盖1厘米厚。

②条播法:播种前先要浇足底水,待5～7天土壤墒情适宜后,按30厘米行距开沟,沟宽5～6厘米,沟深2～3厘米,趁墒把混沙的种子顺沟均匀撒播,保持每2～3厘米沟长有1粒种子,然后覆土1厘米厚。

播种后可在畦上覆盖1层地膜保温保湿、促进出苗,拱土出苗时撤除地膜。

5. 幼苗期管理

(1)温度管理　播后出苗前苗床温度白天保持25℃左右。齐苗后适当降低温度,白天20℃～23℃、夜间13℃～15℃。

(2)间苗　出苗后间苗2次。第一次在幼苗1～2片真叶时进行,苗距2～3厘米;幼苗长出3～4片真叶时进行第二次间苗,使苗距达到5～6厘米。

(3)水肥管理　当苗高6～7厘米、长有2～3片真叶时浇1次水。同时用尿素100～200倍液进行叶面喷施,以促进叶片生长。

(4)移栽　温室培育的小苗经过2个多月的生长,苗的高度可达20厘米,已有6～7片叶,在苗床内相互间的影响逐渐加大,可进行移栽。一般在4月下旬至5月上旬移栽到露地培育。移栽时按行距30厘米、株距25厘米栽苗,每667平方米保苗7 000～8 000株。露地育苗的可适当提早定苗和移栽。

6. 苗木的中后期管理

(1)松土、除草和灌水 从移栽或定苗到8月中旬要做好中耕除草和灌水排水工作。做到地面无草、地下不缺水、雨天不积水，以促进苗木正常生长。进入8月下旬以后，为加速苗木加粗、木质化，应控制生长，不宜再浇水。

(2)施肥 6月中旬至8月中旬为苗木速生期，施肥应以施用速效氮肥为主，进行2～3次追肥，每次每667平方米施尿素10～15千克，并适量配合磷、钾肥。8月下旬后停止追用氮肥，可在叶面喷施磷、钾肥，促进苗子木质化，并形成饱满的顶芽。木质化程度低的苗木贮藏养分少，遭受低温后易干梢或枯死。

(3)苗木的矮化处理 对生长中的苗木进行矮化处理，是培养温室栽培用香椿苗木的一项关键措施。经过矮化处理的苗木表现为增高生长受到抑制，加粗生长得以加强，因而容易培养出枝干紧凑、矮壮的植株。

当年生的苗木，一般从7月中下旬开始，用15％多效唑可湿性粉剂200～400倍液，每隔10～15天叶面喷施1次，连喷2～3次。

(4)优良苗木的标准 当年生的苗木高0.6～1米，苗干直径1厘米以上，组织充实，顶芽饱满，根系发达，无病虫害和冻害等。

(二)日光温室香椿生产技术

1. 施肥整地 每667平方米施优质有机肥不少于5 000千克、过磷酸钙100千克。深翻25厘米左右，耙细整平。

2. 起苗 一般在当地初霜期到来之前，当苗木已经落叶、养分大部分回流到茎和芽里时，要抓紧起苗。华北地区一般在10月下旬至11月初进行。起苗时尽量多留根，一般要求根长保持在20厘米以上。

3. 假植 选背风向阳处挖一条深0.5米、宽1～1.5米的假植沟，将苗木稍加整理后，顶梢朝东或朝南斜着摆放到沟里，根部壅土并浇水。气温骤降时，还须用柴草稍加覆盖植株的梢部，以避免冻害。经过 15～20 天 10℃以下低温,香椿通过休眠期,养分完全回流到茎和芽中时即可栽入温室中。

4. 栽　植

(1)栽植时间　一般在当地日平均气温降到 3℃～5℃时进行。华北地区在 11 月中下旬。

(2)栽植密度　栽植密度和所用的苗木有关。当年生苗木每平方米栽 100～150 株,多年生苗木每平方米栽 80～120 株。

(3)栽植方法　栽植时,要先开南北向沟,沟深 30 厘米、沟距 20 厘米左右。然后依计划栽植的密度确定株距。栽前要对苗子进行分级,矮苗栽在温室南部,高苗栽在温室北部,中等苗栽在温室中部。栽时要保持根系舒展,但根可以重叠交叉。用下 1 行开沟取出的土进行覆土以便于浇水和行走。在自然条件下经过 3～5 天,使其继续完成自然休眠,而后再扣膜。

5. 栽植后的管理

(1)温度管理　扣膜后尽量提高室温,白天温室气温可达到 30℃。促进地温提高,以加速根系活动,尽快解除休眠。约 30 天后,芽子开始萌动,温室气温白天控制在 15℃～25℃,夜间 10℃、最低不低于 5℃。采芽期温室气温白天以 18℃～25℃为最好。温度低时芽子长得慢,温度过高时椿芽着色不良。温室气温超过 28℃时,晴天中午扒开膜缝通风 2～3 小时。

(2)水肥管理　日光温室椿芽生长主要依靠苗木自身贮藏养分供给,一般施足基肥的不再追肥。为提高产量,可在芽长 4～6 厘米时,喷洒 0.5% 尿素加 0.3% 磷酸二氢钾混合液,每隔 10 天 1 次。温室内一般不浇水,主要是以喷水方式补充水分,喷水宜在中午进行。

(3)光照调节　香椿生长期间以保持 2 万～3 万勒的光照较好。在这样的光照条件下,椿芽蓿和复叶都能呈现红褐色,外观美、品质好。扣膜时应尽量选用无滴膜,平时经常清除棚膜上的灰尘,增加透光量。早春光照过强时,中午可临时盖部分草帘遮光。

6. 采收　扣膜后 40～50 天、当椿芽长到 15～20 厘米且着色良好时即可采收。芽子过短产量低,过长品质差。采芽宜在早晚或遮荫下进行,以防芽子打蔫。采芽时,可根据不同部位的芽子采取不同的采法:头茬芽,即着生在枝头顶端的芽一般呈玉兰花状,柄端基部存托叶,品质和色泽俱佳,为椿芽中的上品,这种芽宜在12～15 厘米长时采收。二茬芽,即枝头芽采收后刺激萌发出来的侧芽、隐芽,这茬芽可待其长到 20 厘米左右长时再采收。采收时要在基部留 2～3 个叶,到后期要留下 1/4 的芽不采,以制造养分辅养恢复树势。采收时用剪刀剪或用快刀片削下芽头,不能用手掰,以防损伤芽子和树体,破坏隐芽的萌发力而降低产量。温室里椿芽一般每隔 7～10 天可采 1 次,共采 4～5 次。

7. 适时平茬,恢复培育　清明节后,顶芽和上部侧芽全部采完,苗木中积累的养分也接近耗尽,外界的气温已上升到可基本满足香椿生长的时节。此时露地的香椿已开始上市,即可将温室里面的苗木平茬移栽到露地。平茬时,当年生苗留茬 10 厘米高,二、三年生苗木留茬 15～25 厘米高。移栽前要大通风炼苗 3 天。移栽时,按每 667 平方米 6 000 株(40 厘米×25 厘米)的密度定植。定植后要浇足底水,搞好中耕。隐芽萌发后,选留其中 1 个壮芽,培养成翌年用苗的苗干,其余全部掰掉。及时追肥浇水,防病除虫,矮化处理(多年生苗木处理时间从 6 月底开始),培育出优良健壮的苗木,为翌年生产做好准备。

四、病虫害防治

(一)香椿白粉病

【症　状】　主要危害叶片。病叶表面褪绿呈黄白色斑驳状,叶背产生白粉状物,引起叶枯,早落叶。

【发病条件】　氮肥过多、苗木拥挤、生长嫩弱、光照不良易发此病。天气干旱有利于病孢子侵入。

【防治方法】　清除病叶、落叶,合理灌溉,注意氮、磷、钾肥配合施用。发病初期开始用药。可用下列药剂喷雾防治:4%四氟醚唑水乳剂1 000～1 200倍液,或40%氟硅唑乳油8 000倍液。每隔10～15天喷1次,连喷2～3次。

(二)香椿叶锈病

【症　状】　病叶两面有黄色粉状物,散生或群生,以背面为多,严重时扩至全叶。后期有暗褐色小点。危害叶片会造成提早落叶、生长不良。

【发病条件】　湿度大有利于发病。

【防治方法】　同白粉病。

(三)香椿根腐病

【症　状】　主要危害幼苗和半成株。幼苗染病多造成芽腐、立枯或猝倒。大苗和半成株染病则表现为茎基和叶片腐烂,潮湿时病叶表面产生稀疏白霉,茎基病部皮层出现初为红褐色,后为黑褐色水渍状不规则大斑,最后腐烂。病害继续发展,梗根及根茎内部组织变色坏死,病部表皮极易与木质部分离脱落。染病植株多生长发育缓慢,萎蔫、落叶,最后全株枯死。

【发病条件】　田间排水不良、土壤湿度过大,或施肥造成根系烧伤容易引发此病害。

【防治方法】

(1)栽培措施　生长期间防止田间积水,避免施肥烧根,切忌大水漫灌。

(2)发现病株及时拔除,并进行药剂防治　可选用下列药剂防治:70%甲基硫菌灵可湿性粉剂1 000～1 200倍液,或70%噁霉灵可湿性粉剂1 500～2 000倍液。喷洒根茎,必要时浇根。

(四)香椿干枯病

【症　状】　多发生于幼树主干。首先树皮上出现梭形水渍状湿腐病斑,继而扩大,呈不规则状。病斑中部树皮裂开,溢出树胶。当病斑环绕主干 1 周时,上部树梢枯死。

【防治方法】

(1)培育壮苗,科学施肥　控制氮肥用量,增施磷、钾肥,树干涂白。

(2)药剂防治　发病时用 70% 甲基硫菌灵 1 000 倍液喷洒防治。或在病斑处打孔,深达木质部,涂抹 10% 碱水或氯化锌甘油合剂。

(五)香椿毛虫

【症　状】　多在 6～8 月份发生。初龄幼虫咬食叶肉,残留叶脉,受害叶片呈网状;大龄幼虫咬食后只留下叶柄和主脉。

【防治方法】　可用下列药剂喷雾防治:48% 毒死蜱乳油 1 000～1 500 倍液,或 10% 氯氰菊酯乳油 2 500～3 000 倍液。

第六节　西　芹

芹菜原产于地中海沿岸和瑞典、埃及、俄罗斯的高加索等地的沼泽地区。芹菜在我国已有 2 000 多年的栽培历史,目前国内南北方均有种植。西芹又叫西洋芹菜,是近年来从国外引进的大型芹菜品种。该芹菜品种株型紧凑粗大,叶柄宽而肥大,纤维少,品质脆嫩,在我国的栽培面积在不断扩大,将不断地代替株型高而细长的细长种。

西芹营养丰富,每 100 克含水分 94 毫升、碳水化合物 2 克、蛋白质 2 克、脂肪 0.22 克,并含有丰富的胡萝卜素、维生素 B_2 和无机盐。茎叶中含有挥发性芳香油,能增进食欲。西芹又是中草药,具有降低血压、镇静、健脑、健胃和清肠利便等功效。

一、生物学特性

（一）植物学特征　西芹属于伞形科二年生蔬菜。其根属直根系类型，一般根深 60 厘米以上，须根根系分布在 30 厘米的土层中。茎短缩，在短缩茎的基部轮生着叶片，为二回奇数羽状复叶，每叶有 2～3 对小叶和 1 片尖端小叶，小叶 3 裂，叶面积小。叶柄发达，宽可达 3 厘米以上，质地脆嫩，纤维少，具有芳香的气味。花为伞形花序，白色小花，虫媒花。果实为双悬果，棕褐色，有纵沟。每个双悬果由 2 个分果组成，分果内含 1 粒种子，生产上用的种子实际是果实。果实有挥发油，有香味，透水性差，发芽慢，千粒重0.4～0.5 克，种子使用年限一般为 2 年左右。

（二）对环境条件的要求

1. 温度　西芹属半耐寒性蔬菜，喜冷凉、湿润的气候条件。种子发芽最低温度为 4℃，最适温度为 15℃～20℃，7～10 天出芽。低于 15℃或高于 25℃就会降低发芽率和延迟发芽的时间，30℃以上几乎不发芽。营养生长期温室气温白天应保持在18℃～23℃，夜温 13℃～18℃，地温 13℃～23℃。

2. 光照　西芹的种子发芽时有喜光的特性。在同样的温度和湿度条件下，无论新老种子，有光比黑暗时容易发芽，特别是在有光、低温的条件下更有利于种子发芽。对于西芹的生长发育来说，一般在生长前期光照比较充足有利于植株的健壮生长。在生长后期，以短日照和较弱的光照对西芹生长十分有利，可形成植株高大、品质好、外形美观的商品菜。长日照可以促进生殖生长，使植株抽薹。

西芹对光照强度的反应是强光使植株开展度增加，横向生长伸长受抑；弱光则使植株直立，开展度小，纵向生长有利于伸长。所以秋、冬季栽培西芹是最有利的季节。

3. 土壤水分　西芹喜湿润的空气和土壤条件。因为西芹根皮层组织中输导系统发达,可以从地上部向根部送氧,所以土壤中水分较充足就会生长旺盛、同化量增加,地下部发达,地上部生长也好。一般以田间持水量80%为宜。西芹的心叶肥大期,叶片生长迅速,是需水的临界期,要充分满足对水分的需求才能达到优质高产。

4. 土壤营养　西芹适宜富含有机质、保水保肥能力强的壤土或黏壤土。对土壤酸碱度适应范围为pH值6~7.6。

西芹的生长需要充足的肥料,氮、磷、钾的吸收率约为4.7:1.1:1。在整个生长过程中氮肥应始终占主要地位,氮肥是保证叶生长良好的最基本条件,对产量影响较大。氮素不足显著影响叶的分化,叶数明显减少。土壤含氮浓度200毫克/千克地上部发育最好;高于此浓度、在400毫克/千克时,生育明显不好,特别是第一节间长度变短变轻,叶柄粗度变细。氮素过浓,叶变宽而易倒伏,同时立心期推后,收获期延迟。

磷肥有利于叶的分化。在生长初期,磷不足直接影响叶片和心叶的发育,所以生长初期要重视磷肥的施用。磷肥在土壤中浓度以150毫克/千克为宜。磷肥过多会使叶片细长而且维管束增加,纤维素增加,以致品质下降。

钾肥对芹菜生长后期极为重要。钾不仅对养分运输有作用,还会抑制叶柄无限度的伸长,促使叶柄粗壮而充实、光泽好,有增强品质、减少纤维的效果。通常钾肥以保持在80毫克/千克为好,心叶肥大期再提高到120毫克/千克。

硼在西芹的生长过程中也很重要。土壤中缺硼或由于温度过高、过低及土壤干旱等原因使硼的吸收受到抑制时,叶柄上会发生褐色裂纹,下部劈裂、横裂、株裂等,或发生心腐病,发育明显受阻。

二、品种选择

(一)高优它52-70　由美国引进品种,从定植到收获一般

80～90 天。植株较大。叶色深绿,叶片较大。叶柄绿色,横断面半圆形,腹沟较深,叶柄肥大,宽厚,基部宽 3～5 厘米。叶柄第一节长度 27～30 厘米,植株高约 70 厘米。叶柄抱合紧凑,质地脆嫩,纤维少,呈圆柱形。本品种抗病性较强,对芹菜病毒病、叶斑病和芹菜缺硼症抗性较强。单株重 1 千克以上,每 667 平方米产量可达 7 000 千克以上。

(二)文图拉　由美国引进品种,从定植到收获需 80 天左右。植株高大,生长旺盛,株高 80 厘米以上。叶片大,色绿。叶柄绿白色,有光泽,叶柄腹沟浅,较宽平,基部宽 4 厘米左右。叶柄第一节长 30 厘米以上,叶柄抱合紧凑。品质脆嫩,纤维极少。抗枯萎病,对缺硼症抗性较强。单株重 1 千克以上,每 667 平方米产量可达 7 500 千克以上。

(三)嫩脆　由美国引进品种,定植后 90 天左右收获。植株高大、紧凑,株高 75 厘米以上。叶片绿色,较小。叶柄宽厚呈黄绿色,基部宽 3 厘米以上。叶柄第一节长度 30 厘米以上。叶柄有光泽,表面光滑,品质脆嫩,纤维少。抗病性中等。单株重 1 千克以上,每 667 平方米产量可达 7 500 千克以上。

(四)佛罗里达 683　由美国引进品种,定植后 90 天左右上市。株型高大,株高 75 厘米以上。植株圆筒形,紧密,生长势强。叶深绿色。叶柄绿色,较宽厚,叶柄基部宽 3 厘米左右。叶柄第一节长 25～27 厘米。质脆嫩,纤维少。抗茎裂病和缺硼症。单株重 1 千克以上,每 667 平方米产量可达 7 000 千克以上。

(五)百利　由美国引进品种,定植到收获 85 天左右。外观优美,株高约 70 厘米,品质佳,市场性好。叶柄宽,肉厚,纤维含量低,质脆,色泽淡绿。抗病,易栽培。每 667 平方米产量可达 7 000 千克以上。

(六)皇后　法国育成的早熟西芹品种,定植后 70～75 天收获。株高 80～90 厘米,单株重 1.5 千克左右。叶柄长 30～35 厘米,淡黄色,有光泽,纤维少,商品性好。株型紧凑,耐低温,同时耐高温。不易抽薹,抗病性强,产量高,是高效益栽培的换代品种。

(七)康乃尔619 由美国引进的黄色西芹品种,生育期150～160天。植株较直立,株高53～55厘米。叶柄第一节长24厘米左右。叶及叶柄均为黄色。叶柄较宽厚,质地脆嫩。抗基裂和缺硼症,易感软腐病。易软化,软化后呈象牙色,十分诱人。抽薹迟。单株重1千克以上,每667平方米产量可达6000千克左右。

(八)美国白芹 黄白色品种,一般定植后85天左右可收获。植株较直立,株型较紧凑,株高60厘米以上。叶柄第一节长约20厘米,叶片黄绿色,叶柄黄白色,宽约2.5厘米。品质脆嫩,纤维少。该品种适应性强,保护地栽培时易自然形成软化栽培,收获时植株下部叶柄全部成为象牙白色,商品性好。单株重0.75～1千克,每667平方米产量可达5000～7500千克。

另外,西芹品种还有美国佛手西芹、改良高优它西芹、瑞克它、皮托285、荷兰西芹、加州皇、日本绿丰西芹等。

三、茬口安排

现将华北地区大棚日光温室西芹栽培茬口安排(表5)介绍如下,供各地参考。

表5 大棚日光温室西芹栽培茬口安排 (华北地区)

栽培方式	播种期	定植期	收获期	主要品种
大棚秋延后	6月中下旬	8月下旬	10月下旬至11月下旬	高优它等
温室秋冬茬	7月下旬至8月上旬	9月中旬至10月上旬	12月中旬至翌年2月下旬	文图拉等
温室冬春茬	9月上旬	11月上旬	翌年3月上旬至4月上旬	高优它、文图拉等
大棚春提前	1月上旬	3月上旬	5月下旬至6月上旬	高优它、佛罗里达683等

四、日光温室西芹秋冬茬栽培技术

（一）育　苗

1. 播种期　应把西芹叶柄膨大盛期安排在温度最适宜季节。华北地区播种期一般在 7 月中下旬至 8 月上旬。

2. 苗床准备　苗畦要选择地势高燥、排水方便、保水保肥能力强的地块。畦宽一般 1～1.2 米、长 5～10 米，每畦施入优质圈肥 50 千克、过磷酸钙 1～2 千克、草木灰 3～5 千克。土肥混匀，整平畦面，备好过筛细土。

3. 品种选择　选择耐寒性强、叶柄充实且不易老化、生长速度快及优质、丰产、抗病的品种，如文图拉、高优它等。

4. 种子处理　育苗期正处在高温、多雨的夏季，出苗、齐苗、育壮苗都有一定的困难，必须在冷凉的条件下浸种催芽。播种前 7～8 天，用冷水浸种 24 小时，并进行多次揉搓换水，直到水清为止。然后用干净的湿布把种子包好，放在 15℃～20℃ 温度条件下，如地下室、土井中等凉爽的地方催芽。也可用 500～800 毫克/升赤霉酸液浸种处理 8～12 小时后催芽，可缩短发芽时间，提高芽势和发芽率。催芽期间每天用凉水投洗种子 1 次，经 6～7 天出芽，70%～80% 种子露白芽时即可播种。

5. 播种　播前先将畦内灌足底水，水渗后畦面撒 3 毫米厚过筛细土，把畦面整平。将种子掺上适量细沙进行撒播，随后覆盖 1 层 5 毫米厚的细土。每 667 平方米用种量 100 克左右。

6. 苗期管理

（1）化学除草　播后喷洒除草剂防除杂草。每 667 平方米苗床用 48% 氟乐灵乳油 70～100 毫升，或 33% 二甲戊灵乳油 100～150 毫升。

（2）搭棚遮荫、防雨　播种期正处在高温、强光、多雨季节，不利于芹菜生产。为防止雨水直接冲刷畦面和避免阳光暴晒，以达到降温效果,覆盖遮阳网遮荫是一条重要措施。播后在畦面上插起小竹竿拱架,用遮阳网覆盖,既可防雨又可遮光降温。如无遮阳网,也可扣上塑料薄膜,把四周薄膜卷起20～30厘米高,以利于通风降温。在小拱棚上搭盖草帘或竹帘进行遮荫,减弱光照强度。下雨时,将四周薄膜放下,严防雨水进入畦内。苗出齐后,早晚光弱时揭开,光强时盖上,逐渐缩短遮盖时间,使苗子逐渐适应强光的条件。当株高6厘米时,逐渐撤掉遮荫物进行炼苗,使其适应外界环境。

(3)水肥管理 西芹喜湿润环境,整个苗期应以小水勤灌为原则,保持畦面湿润。播后出苗前用喷壶浇水,出苗后灌1次水,以后每隔3～5天浇1次水,天热时1～2天浇1次水,以降低地温和气温,浇水时间以早晚为宜。做到畦面见干见湿。当西芹长到5～6片真叶时,根系已经较发达,应控制水分,防止徒长。注意防治蚜虫为害。

西芹苗期一般追肥1～2次。苗高3厘米和定植前7～10天分别追施化肥1次,每次每667平方米追施尿素10千克。

(4)间苗、分苗 西芹因其株体横展性大,1～2片真叶时间苗,苗距2～3厘米。30天苗龄时分苗,苗距10厘米,以扩大营养面积。

(5)壮苗标准 苗龄60天。苗高15～20厘米,5～6片真叶,茎粗0.5厘米。叶色鲜绿,无黄叶。根系多而白。

(二)定 植

1. 整地施肥 西芹产量高,比本芹需肥量大,因此需要重施基肥。定植前每667平方米施优质腐熟有机肥6 000千克以上、过磷酸钙100千克、草木灰100千克、尿素30千克、硼砂0.5～0.75千克。然后耕翻20厘米深,使粪土充分混匀,耙平整细,做成宽1～1.5米的平畦。

2. 定植期 一般在9月中下旬至10月上旬。

3. 定植密度 由于秋、冬季西芹生长期长、采收期长,为获得高产,必须提高单株重。一般采取单株定植,行株距 25～30 厘米×25～30 厘米,每 667 平方米定植 7 500～10 000 株。

4. 定植方法 定植时间宜在下午或阴天进行。定植前 1～2 天苗床浇透水,便于定植时起苗少伤根,定植后成活率高。定植时苗子应按大小分别定植,为其定植后生长整齐打好基础。定植时按行距开沟,按株距定植,开沟深 7～8 厘米,栽植深度以埋住短缩茎为宜。定植过深易埋没心叶而死苗,过浅易倒伏。定植后及时浇水以利于成活。

(三)定植后管理

1. 扣棚前管理 西芹定植后,气温仍较高,光照充足,土壤蒸发量大。在定植后 2～3 天再浇 2 次缓苗水,同时把被土淤住的苗子扒出扶起,促进缓苗,促进新根生长。心叶发绿表明已缓苗,要适当控水,进行细致松土保墒。雨后及灌水后要及时松土,进行适当蹲苗,促发新根,防止地上部徒长。

在缓苗后应加强肥水管理,除浇足水外,要随水追施尿素,每 667 平方米 10 千克。当植株高达 30 厘米以后,植株进入旺盛生长阶段,为了保证充足的肥水促进芹菜生长,每 667 平方米追施豆饼 100～200 千克,或随水追施尿素 20 千克或硫酸铵 40 千克,追施硫酸钾等钾肥 15 千克。

2. 扣棚及扣棚后温度调节 在霜冻前,当白天气温降到 10℃左右、夜间低于 5℃时,将温室前屋面扣上塑料薄膜。扣膜时间东北地区 10 月上旬、华北地区 10 月中旬。

扣棚初期光照强、温度高,要注意通风降温和保温,棚内气温控制白天 18℃～20℃、夜间 13℃～18℃,地温 15℃～20℃,超过25℃及时通风。在保证白天温度达到 20℃左右时要大通风,促进地上部、地下部同时迅速生长,防止西芹黄叶和徒长。前底脚薄膜揭开 60 厘米以上,后坡薄膜每 3～4 米开 1 个通风口,通对流风。

当外界气温继续下降或出现寒潮时,管理的关键是保温。其次是通风。将后坡通风口封严,通风量逐渐减少。当外界气温降到 15℃时关闭通风口,降到 10℃以下时放下底脚塑料薄膜,降到 6℃～8℃时夜间要加盖草苫。在不受冻的前提下,要早揭苫、晚盖苫,使棚内温床白天最低温度保持在 7℃～10℃,夜间最低温度保持在 3℃以上。

3. 扣膜后肥水管理 西芹扣棚后,进入旺盛生长阶段,要及时进行肥水管理,促进生长。扣棚前要浇足水,并每 667 平方米随水追施尿素 15 千克左右,促进根系发育、外叶充分生长,并为短缩茎增粗和叶柄生长积累较多养分。在植株内层叶开始旺盛生长时应追施速效氮肥,勤浇水,每 667 平方米追施硫酸铵 40 千克左右。浇水后要加强通风,晴天加大通风量,要保持畦面湿润。

温室内水分不易散失,严寒季节室内湿度过大,植株蒸腾量小,应尽量减少浇水次数和浇水量,以防病害发生。

如土壤表面中午发干、夜间又不返潮,说明土壤缺水;而植株地上部生长缓慢、叶色变深,如中午出现萎蔫现象,则干旱更为严重。因此要经常观察土壤表面变化和植株地上部叶片颜色的变化。尤其是定植后 2 个月内,是西芹营养生长的盛期,发现干旱要及时浇水,始终保持土壤湿润,以保证根系正常吸水,促进地上部生长。

西芹生长期间,当苗高 15～20 厘米时,喷 1 次 30～50 毫克/升的赤霉酸加 200～300 倍液尿素、100～150 倍液白糖,过 15 天再喷 1 次,共喷 2～3 次。另外喷施 0.01% 芸薹素内酯水剂 3 000 倍液 2～3 次,对植株生长有明显的作用,可加速西芹生长,促进西芹叶柄增粗、增重、叶色深绿,增加产量,并可提早上市。

(四)收获 收获时,植株直立,植株高度达到 70 厘米左右,重量每株达到 1 千克以上。收后装入塑料袋内,以保持鲜嫩。

五、大棚西芹春提前栽培技术

（一）品种选择　要选择抗寒能力强、冬性强、不易发生抽薹、高产、品质好的品种，如高优它、佛罗里达 683 等。

（二）育苗　一般在温室中育苗，苗龄 60 天左右。播前苗床浇足底水，在床面撒上厚 0.1～0.2 厘米的细湿土并找平床面，然后进行干籽播种。播种时将种子均匀撒布床面，种子上再覆盖 0.5 厘米厚的细土即可。

播种后覆盖地膜保温保湿，出苗后撤除地膜，中午光照强时要适当遮荫。苗期棚室气温白天控制在 18℃～20℃、夜间 13℃～15℃。幼苗长到 2～3 片真叶时进行 1 次分苗，密度掌握在 8 厘米见方。分苗后喷施 0.2％磷酸二氢钾和 0.3％尿素混合液，定植前可视苗情随水冲入薄薄的粪稀水。

（三）定　　植

1. 扣棚烤地　定植前 20 天左右要扣膜进行烤棚，提高地温。土壤消冻后，施入充足基肥后整细耙平（同秋冬茬西芹）。

2. 定植方法　棚内最低气温稳定在 0℃以上、10 厘米地温稳定在 10℃以上就可以定植。华北地区一般在 3 月上中旬。定植时行距 20 厘米，株距 15～20 厘米，密度每 667 平方米 15 000～20 000 株。栽后浇定植水。

（四）定植后管理　定植后的管理有 2 个关键环节，一是防止棚温过高出现高温危害，二是保证充足的水肥供应。

1. 中耕松土，促进缓苗　水分适宜时，要在半个月内进行 2～3 次的精细中耕，划深 3～5 厘米，提高地温，促进缓苗和根系发展。

2. 温度管理　缓苗期棚内气温要高一些，一般白天掌握在 20℃～25℃，超过 25℃要通风。随着外界气温逐渐升高，要加大通风量，降低棚内温、湿度，一般棚内气温白天保持在 18℃～

20℃、夜间 13℃～15℃。进入 5 月份后,可以把大棚两侧薄膜掀起进行通风。

3. 水肥管理　定植后温度低、生长慢,要适当控制浇水。主要是锄划,提高地温,促进根系发达。从心叶开始生长后,就要保持土壤湿润;干旱会造成叶片细小、叶柄纤维增多和出现空心等问题。西芹封垄后,进入旺盛生长期,一般 5～7 天浇 1 次水,隔水追肥 1 次,每 667 平方米追施尿素 15 千克、硫酸钾 10 千克。后期每 667 平方米追施 1 次硼砂 0.5～0.75 千克。

生长中后期需要及时摘除植株上发生的侧枝,同时在收获前 30 天和 15 天喷施 30～50 毫克/升赤霉酸。

4. 遮光软化　进入 5 月份后,由于强光和高温,往往会使西芹品质不良。可采用遮光软化栽培。方法是将棚膜上覆盖黑色遮阳网或苇帘,下部四周不盖,也可间隔覆盖草苫。

(五)收获　根据生长情况和市场需要,可陆续收获或一次性收获。

六、病虫害防治

(一)烂心病

【症状】　在西芹全生育期均可发病,以苗期发病严重,个别地块或棚室可因此病毁种。早期发病,可造成烂种,致出苗不齐。幼苗出土后染病,多表现生长点或心叶变褐坏死、干腐,由心叶向外叶发展,同时通过根茎向根系扩展,剖开根茎可见根茎向下内部组织变褐坏死,根系生长不正常,病苗停止生长,形成无心苗或丛生新芽,严重时致病苗坏死。发病轻者随幼苗生长在幼株期和成株期继续发展,使部分幼嫩叶柄由下向上坏死变褐,最后腐烂。

【发病条件】　闷热多雨,或暴晴暴雨,或土壤高湿,病害均发生严重。

【防治方法】

(1)用药剂处理种子　播种前用种子重量 0.3％的 47％春雷·王铜可湿性粉剂拌种,或用 47％春雷·王铜可湿性粉剂 400 倍液浸种 20～30 分钟。

(2)药剂防治　发病初期清除病苗并及时用药液喷浇。可选用下列药剂:77％氢氧化铜可湿性粉剂 500 倍液,或 30％琥胶肥酸铜可湿性粉剂 400 倍液,或 2％春雷霉素水剂 600 倍液。

(二)斑枯病

【症　状】　主要危害叶片,也危害叶柄和茎部。叶片发病初为浅褐色油渍状小点,后发展成黄褐色坏死斑,边缘多有一黄色晕环,形状不规则,多小于 5 毫米,其上产生紫红色至锈褐色分布不均匀小粒点。叶柄和茎部染病多形成菱形褐色坏死斑,略凹陷至显著凹陷,边缘常呈浸润状,病部散生黑色小点。病害严重时,枯柱表面病斑密布,短时期内即坏死枯萎。

【发病条件】　病菌在冷凉天气条件下发展迅速,潮湿多雨有利于发病,田间发病适温为 20℃～25℃。生长期多阴雨或昼夜温差大,白天空气干燥而夜间结露多、时间长,或大雾天气等,均发病严重。

【防治方法】

(1)加强管理　棚室注意通风排湿、减少夜间结露,禁止大水漫灌。

(2)药剂防治　发病初期可用下列药剂喷雾防治:40％氟硅唑乳油 8 000 倍液,或 80％代森锰锌可湿性粉剂 600 倍液,或 10％苯醚甲环唑水分散粒剂 1 500 倍液。每隔 7～10 天喷 1 次,连喷 2～3 次。

(三)西芹病毒病

【症　状】　此病在西芹的全生育期都有发生,以苗期发病危害最重。染病初期在叶片上出现褪绿花斑,逐渐发展成黄绿相间的斑驳或黄色斑块,后期变成褐色枯死斑。严重时叶片卷曲、皱缩,心叶扭曲畸形,植株生长受抑制、矮化。

【发病条件】 在田间主要通过蚜虫传播。西芹生长期高温干旱、缺水缺肥、蚜虫发生严重,病害发生均严重。

【防治方法】

(1)加强田间管理 合理施肥,高温季节及时浇水,注意防旱排涝,增强植株抗病、耐病能力。生长期间坚持抓好蚜虫防治,减少传毒。

(2)药剂防治 发病初期可用下列药剂喷雾防治:0.5%菇类蛋白多糖水剂 200～300 倍液,或 20%吗胍・乙酸铜可湿性粉剂 500 倍液。

(四)西芹叶斑病

【症 状】 主要危害叶片,亦危害茎和叶柄。叶片染病初为黄绿色水渍状小点,后扩展成近圆形或不规则形灰褐色坏死斑,边缘不明显,紫褐色至暗褐色。空气潮湿时病斑上产生灰白色霉层,多个病斑相互汇合致叶片枯死。茎和叶柄受害,初为水渍状暗黄色凹陷的梭形至长椭圆形小斑,逐步发展成长梭形至不规则形黄褐色坏死斑,明显凹陷、龟裂、边缘浸润状。空气潮湿病部表面亦产生灰白色霉层。病斑较多时,丧失其食用价值。

【发病条件】 西芹生长期高温多雨、大雾、夜间长时间结露,病害均发生严重。植株缺肥、生长衰弱、田间高湿等发病亦较重。

【防治方法】 可选用下列药剂喷雾防治:70%甲基硫菌灵可湿性粉剂 600 倍液,或 77%氢氧化铜可湿性粉剂 500 倍液,或 80%代森锰锌可湿性粉剂 800 倍液。

(五)蚜虫 随时观察,发现虫情及时防治。可用下列药剂喷雾防治:25%吡蚜酮剂 3 000～4 000 倍液,或 3%啶虫脒乳油 1 000 倍液,或 10%吡虫啉可湿性粉剂 2 000 倍液。

第七节　落　葵

落葵别名木耳菜、软浆叶、豆腐菜、藤菜等。落葵为落葵科落葵属蔓生草本植物,栽培种系一年生草本植物。原产于我国和印度。落葵是一种营养价值非常高的蔬菜,每 100 克干物质中含有可溶性糖 3.1 克左右、蛋白质 1.7 克左右。落葵以幼苗、嫩梢、嫩叶供食用,有热炒、烫食、凉拌、做汤等多种食用方法,色泽油绿、气味清香、爽口柔滑、风味独特。植株可供药用,有清热解毒的功效。落葵在我国南方种植很普遍,近年来北方种植面积逐年扩大,尤其是反季节栽培效益较高,深受广大消费者的青睐。

一、生物学特性

(一)植物学特征

1. 根　落葵根系发达,主根不明显,分布深而广。

2. 茎、叶　落葵的茎淡紫色、紫红色或绿色,肉质,光滑无毛。分枝能力很强,长达数米。在潮湿土表易生不定根,故可扦插繁殖。叶为单叶互生,全缘无托叶,绿色或叶脉及叶缘紫红色,心脏形或圆形至卵圆形,顶端较尖。

3. 花和果实　落葵为穗状花序腋生,长 5～20 厘米,花无花瓣,萼片 5 枚,淡紫色或淡红色,下部白色或全萼白色,连合成管;雄蕊 5 枚,着生于花被筒上萼管口处,与萼片对生,花柱 3 枚,基部合生。果实为浆果,肉汁紫色,卵圆形,直径 0.5～1 厘米;内含单粒球形种子,色紫红,直径 0.4～0.6 厘米,开花后约 1 个月种子成熟,千粒重为 25～30 克。

(二)对环境条件的要求

1. 温度　落葵喜温暖,不耐寒,下霜后易受冻害。生育期要求较高的温度。种子在 15℃以上开始发芽,最适温度 28℃;生长适温 25℃～28℃,低于 20℃生长缓慢,15℃以下生长不良,持续 35℃以上高温只要不缺水仍能正常生长发育。

2. 光照 落葵属短日照作物,故在秋季结实。延长光照有利于茎叶生长,增加产量。落葵耐阴性较强,可在日光温室后部栽培。

3. 水分 落葵在生产中可连续不断地采收嫩叶和嫩梢,所以生长期间需要不断地供给水分。棚室中一般是高湿条件,只要温度适宜、保证水分供应,就能良好地生长。

4. 土壤与肥料 落葵对土壤的要求不严格,但对肥料的需求量大,而且是以氮肥为主。落葵对铁比较敏感,缺铁会发生心叶迅速黄化现象。

二、品种选择

落葵按其花色可分为红花落葵和白花落葵 2 种。

(一)红花落葵 茎淡紫色至粉红色或绿色。叶片长与宽近乎相等,侧枝基部的几片叶较窄长,叶基部心脏形。红花落葵又分以下几种类型。

1. 赤色落葵 又叫红叶落葵、红梗落葵,简称红落葵。茎淡紫色至粉红色。叶片深绿色,叶脉及叶缘附近紫红色。叶片卵圆形及近圆形,顶端钝或微有凹缺,叶较小,长宽约 6 厘米,穗状花序的花梗长 3～4.5 厘米。

2. 青梗落葵 为赤色落葵的一个变种,除茎为绿色外,其他特征特性及品种经济性状与赤色落葵基本相同。

3. 广叶落葵 又叫大叶落葵。茎绿色,老茎局部或全部带粉红色至淡紫色。叶色深绿,顶端极尖,有明显的凹缺。叶片心脏形,基部急凹入,下延成叶柄,叶柄有深而明显的凹槽。叶型较宽大,叶片平均长 10～15 厘米,宽 8～12 厘米。穗状花序花梗长 8～14 厘米。

(二)白花落葵 又叫白落葵、细叶落葵。茎淡绿色。叶绿色,卵圆形至长卵圆形披针形,基部圆叶或渐尖、锐尖或微钝尖,边缘稍作波状。叶片较小,平均长 2.5 厘米,宽 1.5~2 厘米。穗状花序有较长的花梗,花疏生。

三、茬口安排

现将华北地区大棚日光温室落葵栽培茬口安排(表 6)介绍如下,供各地参考。

表 6　大棚日光温室落葵栽培茬口安排　(华北地区)

栽培方式	播种期	定植期	收获期
大棚春提前	2 月下旬	3 月下旬	4~6 月
日光温室秋冬茬	8 月上旬	9 月上旬	10 月上旬至 12 月下旬
日光温室冬茬	9 月上中旬	10 月上中旬	11 月上中旬至翌年 4 月上中旬
日光温室早春茬	1 月下旬至 2 月上旬	2 月上旬至 3 月上旬	3 月下旬至 6 月

四、日光温室落葵冬茬栽培技术

(一)施肥整地　每 667 平方米施优质有机肥 5 000 千克、磷酸二氢铵 25 千克、硫酸钾 25 千克。普施地面,深翻 25 厘米,把肥料与土充分混匀,整平做畦,畦宽 1~1.5 米。

(二)播种育苗

1. 播种期　华北地区一般在 9 月上中旬。

2. 浸种催芽　一般在播种期前 10 天开始浸种催芽。先把落葵种子放在 30℃ 条件下浸种 26 小时。浸种后搓去种皮、淘洗干净,滤干表面水分,再置于 30℃ 条件下催芽,种子露白后播种。

3. 播种方法　根据落葵的食用要求,可采用直播或育苗移栽

2种方法。主食幼苗的皆用直播法撒播或条播。撒播每667平方米用种量9千克左右,条播每667平方米用种量6千克左右。条播时如畦宽1.2米,可播5～6行,行距20～25厘米,沟宽5厘米,沟深2厘米,把已催芽的种子均匀撒在沟内,覆土后镇压。以多次采收嫩梢、嫩叶为主的,用育苗移栽法为好。也可穴播,穴间距20～25厘米,每穴4～6粒种子,每667平方米用种量3～4千克。

4. 播后管理　种子播后覆土,覆土后都要灌1次大水,畦面再平铺1层地膜保湿增温,当多数种芽开始顶土时撤去地膜。苗出齐后,条播和穴播者在行(穴)间进行中耕、松土、保墒,然后每隔3～5天浇水1次,保持畦面湿润,并每667平方米随水追施尿素5千克。

(三)定　植

1. 定植期　一般在播种后25～30天、幼苗具4～5片真叶时即可定植。华北地区一般在10月上中旬。

2. 定植密度　采收幼苗嫩梢的,行距20～25厘米,株距15～20厘米;采收嫩叶的,行距50～60厘米,株距30厘米左右。

(四)田间管理

1. 温度管理　落葵喜温,华北地区一般9月下旬覆盖薄膜,10月中旬加盖草苫防寒保温。落葵冬季生产一定要创造比较高的温度,一般温室气温不超35℃不通风,当温室气温超过40℃时中午前后可进行通风,夜间温度最低保持在10℃～15℃。

2. 肥水管理　落葵属喜湿蔬菜,3片叶后生长加快,因此在秋季和初冬要经常浇水保持畦面湿润;深冬季节见干见湿,浇水次数过多地温偏低不利于生长。进入采收季节后,可结合浇水每667平方米每次追施尿素10千克。追肥要掌握前轻、中多、后重的原则。

(五)植株调整

1. 主食肥壮嫩梢者　在苗高30厘米时,留3～4片叶收割头梢,选留 2 个强壮侧芽成蔓,其余抹去。收割二道梢后,再留 2～4 个强壮侧芽成梢,在生长旺盛期可选 5～8 个强壮侧芽成梢。中后期应随时尽早地抹去花茎幼蕾。到了收割末期,植株生长势逐渐减弱,可留 1～2 个强壮侧芽成梢。这样有利于叶片肥大,梢肥茎壮品质好,收获期间隔短,收获次数多,总收获量大,产量高。

2. 主食肥厚柔嫩叶片者　苗高 30 厘米时,即可搭“人”字架或直立栅栏架,引蔓上架。以直立栅栏架最好。其整枝方法较多,但都应遵循一个基本原则,即选留的骨干蔓除主蔓外,一般均应选留基部的强壮侧芽成为骨干蔓。骨干蔓一般不再保留侧芽成蔓。骨干蔓长至架顶时摘心,摘心后再从骨干蔓基部选 1 个强壮侧芽成蔓,逐渐代替原来的骨干蔓。原骨干蔓上的叶片采收完毕后,从紧贴新骨干蔓处剪掉下架。在收获末期可根据植株长势的大小减少骨干蔓数。同时也要尽早抹去幼茎花蕾。这样叶片肥厚柔嫩,植株平均单叶数少,但单叶重量大、品质好,商品价值高,总产量大,总产值也高。

(六)采　收

1. 采收幼苗　出苗后 20～25 天、幼苗长有 4～5 片真叶时就可陆续间拔采收。间苗采收应从出苗稠密的地方开始,分批进行。采收时连根拔起,经过整理后上市。

2. 采摘嫩梢　所采嫩梢以 10～15 厘米为宜,一般用刀割或用剪刀剪。头梢采收后,每隔 7～10 天采收嫩梢 1 次。

3. 采摘叶片　由下部叶片陆续采收。一般前期 15～20 天采收 1 次,中期 10～15 天采收 1 次,后期 7～10 天采收 1 次,每次每株采 1～3 片叶。采叶片时要连叶柄采下,晾干叶子表面水分装入塑料袋内。

五、大棚落葵春提前栽培技术

落葵在塑料大棚中只能作为春提前和秋延后栽培,而秋延后栽培只要把露地夏季栽培或播种的植株覆盖起来就可以了。因此,塑料大棚栽培主要是春提前这一茬。

(一)栽培时间 大棚春提前栽培可以采用 2 种种植方式:一是育苗移栽到大棚里。一般是在当地晚霜前 65～70 天温室育苗,晚霜前 35 天在大棚里定植,可比露地提早上市 60 天左右。二是在大棚里提早播种。采用间收的办法,可比露地提早上市 40 多天。

(二)直播 大棚春季生产以采收幼苗和嫩梢为主时,可采用直播法。直播行距 20 厘米,每 667 平方米用种 10 千克。播种前需浸种催芽,种子露白后播种。播后覆盖 1 层地膜保温保湿,以利于出苗,大部分胚芽顶土时撤除地膜。

(三)浸种催芽方法 落葵种皮坚硬,早春播种若地温达不到要求则难以出苗,因此要在播种前 10～12 天开始浸种催芽。将种子置于盆内,倒入 25℃～30℃温水浸种 26 小时。然后捞出,搓去果皮黏质用清水冲洗干净,摊开晾干种皮表面的水分,准备催芽。落葵用种量大,催芽要求温度高,放在温室内催芽如遇晴天白天室温达 25℃左右可基本满足发芽要求。但每天能达到该温度指标一般不足 6 小时,尤其夜间室温常在 10℃以下,因此会导致发芽时间加长,在这种情况下可采取以下方法解决。

1. 利用恒温箱催芽 把种子放在 28℃～30℃条件下的恒温箱中进行催芽,种子每天投洗 1 次。

2. 利用电热毯催芽 首先在电热毯下垫 1 层保温棉被,上边再覆盖 1 层薄膜,膜上垫 2 层湿布,把种子平摊(0.5 厘米厚)在湿布上,种子上再覆盖 2 层湿布,湿布上再盖 1 层薄膜,最上层用保温棉被盖住。先把电热毯开关调到高温档,待温度升至 28℃～30℃时再调到低温档。催芽包内放 1 支温度计,并不断观察温度变化,根据温度变化情况随时调整开关的档次和保温棉被的厚薄。每天揭开保温被 1 次,混合一下种子,以利于通气,然后摊平重新催芽。

不论是采取哪种催芽方法,只要有30%～40%种子开始露白出芽就要停止催芽,准备播种。如若继续催芽,会使已经出芽的芽子长得过长,长芽播种时易碰断芽子,播后顶土力弱,不利于出苗。

(四)育苗移栽 为了保证育苗畦地温,可考虑使用电热线、火道或酿热物温床。播前浸种催芽方法同直播。

其他栽培技术与日光温室冬茬栽培相同。

六、病虫害防治

(一)蛇眼病

【症 状】 从幼苗期至收获结束均可发病。主要危害叶片。病斑近圆形,直径2～6毫米不等,边缘呈褐色,分界明晰。斑中部黄白色至黄褐色,稍下陷,质薄,有的易穿孔。

【发病条件】 湿度是该病发生和扩展的决定因素,通风不良发病较重。氮肥量过大、浇水过于频繁植株旺长就易感病。

【防治方法】

(1)农业防治 注意通风,防止栽植密度过大,注意磷、钾肥与氮肥的相互配合。

(2)种子处理 每10千克种子使用25克/升咯菌腈悬浮种衣剂40～80毫升(加水50～100毫升)拌种,消除种子带菌。

(3)药剂防治 发病初期可用下列药剂喷洒防治:75%百菌清可湿性粉剂1000倍液加甲基硫菌灵1000倍液,或80%代森锰锌可湿性粉剂600倍液。每隔7～10天喷洒1次,连喷2～3次。也可用45%百菌清烟剂进行熏治,每667平方米每次用药250克。

(二)灰霉病

【症 状】 生长中期始发病,病菌侵染叶和叶柄,初呈水渍状,在适宜温、湿度条件下,迅速蔓延,致叶片萎蔫腐烂;茎和花序染病,在茎上引起褪绿水渍状不规则斑,后茎易折倒或腐烂。病部可见灰色霉层,即病菌繁殖体。

【发病条件】 湿度对此病流行影响较温度大,棚内低温、高湿、通风不良发病重。

【防治方法】

(1)通风降湿 注意及时通风降湿,使棚室远离发病条件。

(2)药剂防治 棚室可用 15％腐霉利烟剂熏治,每 667 平方米每次用药 200～350 克。发病初期可用下列药剂喷雾防治:40％嘧霉胺悬浮剂 1 000 倍液,或 65％甲硫·乙霉威可湿性粉剂1 000～1 500 倍液。每隔 7～10 天喷 1 次,连喷 2～3 次。

第八节 荷兰豆

嫩荚豌豆俗称"荷兰豆",是一种专门以嫩荚作为蔬菜食用的豌豆。荷兰豆属豆科豌豆属一年生或二年生攀缘草本植物。荷兰豆原产于地中海沿岸和亚洲中部。西汉时传入我国,主要分布在长江流域和黄河流域。荷兰豆每 100 克嫩荚含水分 70.1～78.3毫升、碳水化合物 14.4～29.8 克、蛋白质 4.4～10.3 克、脂肪0.1～0.6 克、胡萝卜素 0.15～0.33 毫克,还含有人体必需的氨基酸。豌豆的嫩梢、嫩荚和籽粒均可食用,质脆清香,富有营养,深受广大消费者欢迎。

一、生物学特性

(一)植物学特征 豌豆的主根发育较早,播种后幼苗尚未出土前,主根伸长 6～8 厘米,第二片复叶展开时,主根已长达 16 厘米,根群比较粗壮,侧根较稀。茎中空,无茸毛,被蜡革质。开花前茎节短,开花后节间延长。多数品种主茎 1～3 节处生分枝。豌豆基部 1～2 节都是单生叶,4～6 节为 1 对小叶的复叶。以后豌豆的小叶数增加到 4 个。复叶基部有 1 对大托叶,顶端小叶变成卷须,借以攀缘。豌豆叶腋间抽生总状花序,每花序着生 1～3 朵花,花白色或紫色。在营养条件良好时能成双荚,通常只结 1 个荚。荚果分硬荚、软荚 2 种类型。硬荚种的荚壁含有 1 层革质细胞膜,使荚果变硬,嫩时亦不适食用,成熟后易裂荚;软荚种无此膜,纤维少,嫩荚可食用。荚内种子数 2～8 粒,分为圆粒和皱粒 2 种类型。

(二)对环境条件的要求

1. 温度　豌豆属半耐寒性蔬菜,喜温和湿润的气候,不耐炎热干燥,也不耐严寒。种子发芽温度 3℃～4℃,发芽适温 18℃～20℃,出苗适温 12℃～16℃,生长适宜温度为 9℃～23℃,苗期能耐－4℃低温。若苗期温度稍低,可提早形成花芽。植株在－5℃时受冻。营养生长期要求 10℃～15℃温度。开花时要求 15℃～18℃温度,如高于 26℃,影响品质和产量。

2. 光照　豌豆的花芽分化对日照长短要求不严格,春播或夏播都能开花结实,但在长日照下能提早开花、缩短生育期。

3. 水分　豌豆的根系较深,耐旱力稍强,但不耐空气干燥。开花时最适宜的空气相对湿度为 60％左右。空气干燥开花就减少;高温干旱,花朵迅速凋萎,大量落蕾、落花。

4. 土壤营养　豌豆对土壤条件要求不严,各种土壤均可栽培,但以排水良好、耕层深厚、富含有机质,特别是磷肥充足的土壤最为理想。若磷肥不足时,植株下部节位分枝少,且易枯萎,同时也影响豆粒的发育。

二、品种选择

豌豆按其用途有粮用和菜用之分。粮用豌豆的花为紫色,种子有斑纹,耐寒力强。菜用豌豆多数为白色花,较好的品种有以下几种。

(一)绿珠　北方栽培较多。茎直立,高约 35 厘米,生长势强,有 1～2 个分枝。叶片绿色,较大。花白色。每株结荚 4～6 个,每荚有豆 6～7 粒。成熟时种子绿色,圆而光滑。早熟,产量高,耐旱。

(二)极早熟豌豆 　早年从国外引入,早熟,从播种到初收 45～50 天。茎矮生,直立,分枝弱,仅结荚 3～4 个。老熟后种子淡黄色,圆形,光滑。每 667 平方米产青荚 500 千克左右。

(三)晋软 1 号 　山西农业大学育成品种,蔓生种,生长期 85～90 天。黄绿色软荚,脆、甜。老熟种子灰蓝色,皮光滑稍有皱缩点。每 667 平方米产嫩荚 1 100～1 300 千克。

(四)四川食荚白花大豌豆 　该品种株高 70～80 厘米。荚长约 14 厘米,宽约 2.5 厘米,每荚豆粒数 5～6 个。从开花到嫩荚采收 7～8 天,整个开花期 20～30 天。一般每 667 平方米产嫩荚 1 300～1 500 千克。

(五)台中 11 号 　该品种是由台湾省育成的豌豆新品种,从播种到初收需 55～70 天。其优点是:蔓生种,蔓长 150 厘米以上,分枝性强。花的旗瓣白色,翼瓣粉红色。豆荚扇形稍弯,长 6～7 厘米,宽约 1.5 厘米,青绿色,品质脆嫩,纤维少,有甜味,耐贮运,鲜销与加工两用。每 667 平方米产嫩荚 1 000 千克以上。生长适温为 10℃～20℃,温度低时生长时间增长。

另外还有矮蔓种哈尔滨早熟、北京豌豆,蔓生种晋硬 1 号、大荚豌豆等。

三、茬口安排

荷兰豆的播种期分秋播和春播。北方严寒地区进行春播,前茬为冬闲地,后茬为夏甘蓝和夏茄子等。在当地土壤解冻后(3 月上旬至 3 月下旬)即播,早播发根早,生育期长,分枝结荚多,产量高。北方不太严寒的地区和南方多行秋播,多在 10 月下旬播种,以长有 2～3 个复叶的幼苗越冬最好。华北中南部地区,大棚栽培适宜播期为 10 月中下旬,最迟不超过 11 月 2 日(河南洛阳);日光温室栽培对播期要求不甚严格,为在春节前后上市,适宜的播期应选择在 11 月份至 12 月上旬。

四、日光温室荷兰豆冬茬、冬春茬栽培技术

(一)育　苗

1. **苗龄**　荷兰豆的适龄壮苗有 4～6 片真叶,茎粗而节短,无倒伏现象。要达到上述适龄壮苗的日历苗龄,会因育苗期的温度条件不同而异:高温下(20℃～28℃)需 20～25 天,适温下(16℃～23℃)需 25～30 天,低温下(10℃～17℃)需 30～40 天。

2. **育苗方法**　按照常规育苗方法进行,应采用容器育苗。播前浇足底水,干籽播种,每钵 2～4 粒种子。早熟品种多播,晚熟品种少播。覆土后撒细土保墒。

播后掌握温度在 10℃～18℃,有利于快出苗和出齐苗。温度低发芽慢,应加强保温;温度过高(25℃～30℃)发芽虽快,但难保全苗,应适度遮荫。子叶期温度宜低些,以 8℃～10℃为宜。定植前应使秧苗经受 2℃左右的低温,以利于完成春化阶段的发育。育苗期间一般不间苗,不干旱时不浇水。

(二)定　植

1. **整地施肥**　每 667 平方米施优质有机肥 5 000 千克,混入过磷酸钙 50～100 千克、草木灰 50～60 千克。普施地面,深翻20～25 厘米,与土充分混匀。搂耙平后做畦。单行密植时,畦宽 1米,1 畦栽 1 行;双行密植时,畦宽 1.5 米,1 畦栽 2 行;隔畦与耐寒叶菜间套作时,畦宽 1 米,栽 2 行。

2. **定植方法**　畦内开沟,深 12～14 厘米。单行密植穴距15～18 厘米,每 667 平方米栽 3 000～3 600 穴;双行密植穴距21～24 厘米,每 667 平方米栽 4 500～5 000 穴;隔畦与耐寒叶菜间作时穴距 15～18 厘米。坐水栽苗,覆土后搂平畦面。

（三）定植后管理

1. 肥水管理　只要底水充足，现花蕾前一般不浇水，也不追肥。要通过控水和中耕锄划促进根系发育。现花蕾后进行 1 次追肥浇水，每 667 平方米施氮磷钾三元复合肥 15～20 千克，随之锄划保墒，控秧促荚，以利于高产。花期一般不浇水。第一朵花结成小荚到第二朵花刚凋谢，标志着荷兰豆已进入开花结荚期，此时肥水必须跟上，一般每隔 10～15 天施 1 次肥水，每 667 平方米每次施氮磷钾三元复合肥 15～20 千克。

2. 温度管理　定植后到现蕾开花前，温室气温白天超过 25℃时要通风，夜间不低于 10℃。整个结荚期以白天 15℃～18℃、夜间 12℃～16℃为宜。

3. 植株调整　温室栽培多用蔓性或半蔓性品种，植株卷须出现时就要支架。蔓生品种苗高约 30 厘米时，即用竹竿插成单篱壁架。由于荷兰豆的枝蔓多，且不能自行缠绕攀附，故多用竹竿和绳子结合的方法来支持枝蔓。在行向上每隔 1 米设立 1 根竹竿，竹竿上下每半米左右缠绕 1 道绳，使豆秧相互攀缘，再用绳束腰加以稳定。当植株长有 15～16 节时，可选晴天进行摘心。

4. 施用防落素　花期用 30 毫克/升防落素叶面喷雾，以防止落花落荚。

（四）采收　多数品种开花后 8～10 天豆荚停止生长，种子开始发育，此为嫩荚采收适期。有时为稍增加一些产量，可待种子发育到一定程度再采收。但一定要注意，采收晚了品质会变劣。

五、大棚荷兰豆越冬栽培技术（河南洛阳）

（一）种子处理　播前要精选种子。可用 40％盐水选种，除去浮籽与受豌豆象为害的籽粒。春播豌豆可用春化处理，以提高产量。方法是先用水浸种 2 小时，取出，在适宜室温下催芽，待种子刚露芽时将其放在 0℃～2℃低温下处理 10 天，然后取出播种。

播前如用根瘤菌拌种,则结荚多、产量高。

(二)整地播种 前茬收获后,每 667 平方米施入充分腐熟的有机肥 5 000 千克、过磷酸钙 30 千克、草木灰 50 千克。施后深耕,整平做畦。豌豆以条播为主,适于密植。以采收嫩梢食用的,可采用宽幅栽培,行距 25~33 厘米,幅宽 10 厘米,每 667 平方米播种 7~10 千克。以采收嫩豆荚和豆粒食用的,播种密度宜稀,一般采用行内点播法,行距 50~60 厘米,株距 15~18 厘米,每穴 2~3 粒。豌豆子叶不出土,播种应比菜豆稍深,覆土厚度为 4~5 厘米。

(三)越冬管理 荷兰豆越冬期,为促使其根系生长、增强植株抗寒力,达到根深叶壮、安全越冬及早返青、培育壮秧的目的,为此应采取如下措施。

1. 施入冬肥 每 667 平方米施充分腐熟的有机肥 1 500~2 500 千克,采用坑施,倒粪后封土,使肥渗土冻、地松苗壮。

2. 中耕促墒 齐苗后,根据墒情,如干旱应浇水,如有雨雪应趁势中耕。第一次浅中耕,一般在苗高 15 厘米左右,以锄破地皮为度,打碎坷垃。紧接着进行第二次深中耕,以不伤根为度,锄后推平,形成疏松层,起到保墒增温、促进根系生长的作用。

3. 喷施防冻剂 荷兰豆幼苗期,一般可耐 -4℃ 低温。喷防冻剂后,可增强幼苗的耐低温能力。一般在 9 月下旬和 12 月上旬各喷 1 次,分别喷防冻剂 1 号和防冻剂 2 号。

4. 搭棚覆膜 2 月上旬搭拱棚并覆盖塑料薄膜。

(四)温、湿度管理 2 月上旬至 3 月初棚内气温控制在 12℃~16℃,以防止高温引起徒长;从抽卷须到开花应保持 15℃~20℃;从开花到采收结束,保持 17℃~21℃,一般不超过 22℃,如果棚温超过 25℃,会导致严重的落花落荚,并加快嫩荚老化速度。棚内空气相对湿度要求以 65%~90% 为宜。

(五)肥水管理 分别在开花前、采收前、采收盛期各追肥 1 次,每 667 平方米每次追施氮磷钾三元复合肥 7~10 千克,随着追肥浇水。浇水应根据棚内的湿度而定,一般小水勤浇,以早晨和傍晚浇为宜,严禁中午浇地。为促进坐荚,在初花期喷叶面肥2~3次。

（六）整枝摘心　荷兰豆主枝近地面附近节位发生的分枝一般较弱小,应及早去掉。主要结荚是靠主枝、一次分枝和二次分枝。高节位分枝（二次分枝以后的分枝）也属无效分枝,应及早去掉。通过整枝改善通风透光条件,集中养分,提高产量和产品品质。如长势过旺,应及早摘除主茎顶尖,促使发生有效分枝,也是提高产量的有效措施。

（七）采收　荷兰豆一般在开花后7~8天嫩荚长成时开始采收。嫩荚在开花后7~8天荚已充分长大、豆粒尚未发育时采收。采收后放阴凉处摊开。当天采收的嫩荚应当天销售,否则应放入冷库中保存。

六、病虫害防治

（一）豌豆白粉病　是豌豆的重要病害。一般在豌豆收获期间流行,可减产二成以上。

【症　状】　发病初期叶面为淡黄色小斑点,扩大成不规则形粉斑,严重时叶片正反面均覆盖1层白粉,最后变黄枯死。发病后期粉斑变灰色,并长出许多小黑粒点。

【发病条件】　由蓼白粉菌侵染所引起的专性寄生真菌病害。病菌由分生孢子和菌丝体在病残体上越冬。借助风雨传播。田间侵染最适温度为22℃~24℃,往往因田间潮湿结露、植株徒长或长势衰弱等引起发病。

【防治方法】

（1）加强栽培管理　采用避免重茬、施足基肥、合理密植、加强通风透光等措施,均可提高植株抗病力。

（2）药剂防治　可在发病初期用下列药剂喷雾防治:25%三唑酮可湿性粉剂2 000~3 000倍液,或10%苯醚甲环唑水分散粒剂 2 000 倍液,或 40％氟硅唑乳油 8 000 倍液,或 4％四氟醚唑水乳剂 1 200 倍液等。每隔 7～10 天喷 1 次,连喷 2～3 次。

（二）豌豆象 俗名豆牛,属鞘翅目豆象科。

【为害状况】 寄主单一,仅为害豌豆。幼虫蛀食籽粒时,能把种子吃成空洞,受害豌豆表面多皱纹,带淡红色,种子发芽受到严重影响,且有异味难以食用。

【活动规律】 豌豆象一年发生 1 代,春季 4～5 月份豌豆开花期间越冬成虫在豌豆上产卵,初孵幼虫即蛀入豆粒。幼虫期 37 天。

【防治措施】

（1）选择品种 选用早熟品种,使其开花、结荚期避开成虫产卵盛期,减轻其受害。

（2）药剂防治 实施田间药剂防治时,可在盛花期喷药,可选用下列药剂:2.5％联苯菊酯乳油 1 000～1 200 倍液,或 80％敌百虫可溶性粉剂 1 000 倍液,或 2.5％溴氰菊酯乳油 5 000 倍液等。

第九节 紫 苏

紫苏别名荏、赤苏、白苏、香苏等。为唇形科一年生草本植物,具有特异的芳香。原产于我国,如今除我国以外主要分布于印度、缅甸、日本、朝鲜、韩国、印度尼西亚和俄罗斯等国家。我国华北、华南、华中、西南及台湾省均有野生种和栽培种。

紫苏在我国种植应用约有 2 000 年的历史,主要用于药用、油用、香料、食用等方面,其叶(苏叶)、梗(苏梗)、果(苏子)均可入药,嫩叶可生食、做汤,茎叶可腌渍。近年来,紫苏因其特有的生物活性物质和营养成分,成为一种备受世界各地关注的多用途植物。俄罗斯、日本、韩国、美国、加拿大等国对紫苏属植物进行了大量深入细致的研究,并进行了大量的商业性栽种,开发出了食用油、药品、腌渍品、化妆品等几十种紫苏产品。

一、生物学特性

紫苏,须根系,株高1米左右,茎断面四棱形,密生细长柔毛。叶交互相对着生,绿紫色或紫色,圆卵形或阔卵圆形,长7～13厘米,顶端锐尖,基部圆形或广楔形。叶缘粗锯齿状,密生细毛。叶柄长3～5厘米。顶生或腋生穗状花序,紫色或淡红色唇形花。瘦果含3～4粒种子,灰褐色,近球形或卵形,千粒重为0.89克。

紫苏喜温暖湿润的气候。8℃以上就能发芽,适宜的发芽温度为18℃～23℃,开花期适宜温度为26℃～28℃。秋季开花,是典型的短日照蔬菜。肥料以氮肥为主。产品器官形成时期不耐干旱,土壤要保持见干见湿。空气过于干燥,茎叶粗硬,纤维多,品质差。对土壤适应性较广。

二、品种选择

紫苏包括2个变种:一种是皱叶紫苏,又称回回苏、鸡冠紫苏;还有一种是尖叶紫苏,又名野生紫苏。我国各地栽培皱叶紫苏较多。紫苏庭院栽培还具有观赏意义。通常依叶色可分为赤紫苏、皱叶紫苏和青紫苏等品种,依熟性可分为早、中、晚熟品种,按利用方式可分为芽紫苏、叶紫苏和穗紫苏。

三、茬口安排

长江流域大棚栽培9月份育苗,定植大棚后补光处理,翌年2～4月份上市供应。利用大棚中棚秋延后栽培,8～9月份播种,9～10月份定植,11月份至翌年1月份供应市场。大棚春提前栽培,1～2月份播种,2～3月份定植,4～6月份供应市场。华北地区大棚春提前栽培,2月上中旬至3月上旬播种,3月中下旬至4月中下旬定植,4～5月份上市。高效节能日光温室对播期要求不严格;普通日光温室除 12 月份至翌年 1 月份外,均可种植。

四、日光温室紫苏栽培技术

(一)种子处理及催芽　紫苏种子属深休眠类型,采种后 4～5 个月才能逐步完全发芽,在生产中给生产者带来一定困难。试验研究发现,低温及赤霉酸处理能有效地打破休眠,将刚采收的种子用 100 毫克/升赤霉酸处理并置于低温 3℃ 及光照条件下 5～10 天,然后再置于 10℃～20℃ 光照条件下催芽 12 天,种子发芽率可达 80% 以上。

(二)整地做畦　每 667 平方米施腐熟有机肥 3 000 千克、过磷酸钙 20 千克、硫酸铵 10 千克、氯化钾 4 千克,与土充分混合均匀,做宽 1～1.5 米的平畦,条播或撒播,每 667 平方米用种量 250 克。当子叶展开后可按照株行距 30 厘米×30 厘米进行 1～2 次间苗。采用育苗种植时,每 667 平方米用种量 50 克左右,定植的株行距为 30 厘米×30 厘米。紫苏耐阴性很强,可以和其他蔬菜套种,或利用温室大棚的边行、通道种植,以提高土地利用率。

(三)紫苏的特种栽培

1. 芽紫苏　将种子播种于用 300 毫克/升赤霉酸溶液湿润过的苗床或一些简易的育苗盘。当紫苏长至具有 4 片真叶时,齐地面剪断,收获芽紫苏。

2. 穗紫苏　北方冬季利用温室生产,由于北方日照短,可以促进花芽分化;南方地区可用黑膜覆盖,使日照缩短至 6～7 小时。当幼苗长至 6～7 片真叶时抽穗,穗长至 6～8 厘米时可以收获穗紫苏。

第十节　韭　葱

韭葱别名扁葱、扁叶葱、洋蒜苗等。属百合科葱属一、二年生草本植物。原产于欧洲中南部,20 世纪 30 年代传入我国。韭葱因其叶身扁平似蒜或韭,而假茎洁白如葱,故名韭葱。韭葱营养丰富,每百克鲜食部分含有蛋白质 1.5 克、脂肪 0.3 克、糖类 5.4 克、钙 50 毫克、磷 35 毫克、维生素 C 12 毫克。韭葱具有促进食欲、解腻化食、兴奋神经等功能。假茎和叶生食、炒食或煮烧皆宜,风味犹如大葱。一些地方作为蒜苗的代用品栽培食用,由于其用种子繁殖,成本低,经济效益可观。

一、生物学特性

韭葱的根为弦状根,分布较浅。茎短缩成鳞茎盘。单叶互生,扁平肥厚,被蜡粉,呈长带形似蒜。叶鞘层抱合成假茎,基部稍肥大,但不形成鳞茎。伞形花序,小花丛生成球。种子有棱、黑色,千粒重 2.8 克左右,生活力弱,需用当年种子播种。

韭葱适应性强,既耐寒又耐热,白天生长适温为 18℃～22℃,夜温为 12℃～13℃,能耐受 38℃的高温和 10℃的低温。韭葱属绿体春化蔬菜,幼苗在 5℃～8℃温度条件下通过春化,开始花芽分化,在 18℃～20℃和长日照条件下抽薹开花。韭葱耐阴,对土壤适应性广。根系吸肥力弱,栽培时宜选用疏松肥沃、有机质丰富的土壤。

二、品种选择

我国的韭葱品种多从国外引入,主要有美国鸢尾和伦敦宽叶等。

三、茬口安排

韭葱多在普通日光温室或改良阳畦中种植。华北地区日光温室种植韭葱育苗多在 5 月中下旬播种,8 月上旬定植,苗龄 80～90天。播种过早苗易老化;播种过晚苗棵太小,产量低。

四、日光温室韭葱栽培技术

（一）播种育苗　选排灌方便的地块，做成宽 1.5 米、长 6～10 米的育苗畦。每畦施入腐熟有机肥 50 千克。土壤墒情不好应提前造墒，深翻细耙，开 6～8 条浅沟，每畦播种 50～80 克。按沟耧一遍，整平畦面，待表土半干时遍踩畦面，覆盖地膜，膜上盖秸秆保湿。待出苗后撤去覆盖物。

播种后始终保持土壤湿润，经 7～8 天幼苗出土。韭葱苗期可追肥 1～2 次。进入 7～8 月份要加强田间管理，适时浇水并注意雨后排水，及时中耕除草。定植前 15 天适当控水，促进幼苗根系发育。

（二）从定植至覆盖薄膜期间的田间管理　日光温室韭葱适宜定植期为 8 月上旬。定植前 15 天每 667 平方米施有机肥 5 000～7 500 千克、磷酸二氢铵 20～30 千克。深翻细耙，做成南北向平畦，畦宽 1 米。栽苗前 2 天将苗畦浇透水，以便起苗。栽苗时将苗连根挖起，淘汰病弱苗。每畦栽 5～6 行，行距 18～20 厘米、株距 6～8 厘米。开浅沟，沟深 6～8 厘米，将苗摆在沟内，摆苗后覆土稍加镇压。

苗栽完后浇透水，过 4～5 天再浇 1 次水。缓苗后中耕浅锄，促进发根。进入 8 月下旬至 9 月份外界温度很适宜韭葱生长，应加强肥水管理，以便为假茎肥大奠定物质基础。一般每隔 15～20 天每 667 平方米追施氮肥 10～15 千克，共计追施 2～3 次。覆盖薄膜前，通常进行培土软化。培土前每 667 平方米施磷酸二氢铵 10～15 千克，然后培土，培土高度以齐叶身与叶鞘分叉处为准，可提高假茎长度，增进品质。

（三）覆膜后的管理　霜冻前覆盖塑料薄膜。覆膜前 30 天应把日光温室后墙、山墙筑成，并装好骨架。河北省雄县日光温室的跨度为 5～5.5 米，后墙高 1～1.2 米，墙用砖或夯土建成，外覆盖稻草苫。

覆盖薄膜后,外界气温尚高,应注意通风降温;随着外界气温的降低,逐渐减小防风口。当棚内夜间气温降至 5℃时加盖草苫,开始时草苫要早揭晚盖,逐步进入正常揭盖。这个时期温室内气温白天应保持在 18℃～22℃、夜间 12℃～13℃,超过 25℃要通风;寒冬季节温室内气温超过 30℃要通风,夜间保持 5℃～10℃。

覆盖薄膜至采收前可追肥 2 次,每次每 667 平方米施尿素 10～15 千克,间隔 25～30 天。追肥后及时浇水,并加大通风,防止灰霉病的发生。进入 12 月份至翌年 1 月份一般不再浇水。

日光温室种植的韭葱于元旦至春节期间收获,每 667 平方米产量可达 4 000～4 500 千克。

五、病虫害防治

韭葱病虫害相对较少。但近年来韭葱灰霉病和根蛆的危害加重。

(一)韭葱灰霉病　本病与大葱和韭菜灰霉病症状相似。发病初期叶片出现白斑,叶尖干枯。发生严重时可见灰黑色霉,并从叶尖腐烂。防治方法:加大通风降湿,尤其是浇水后。发病初期可用 15％腐霉利烟剂熏治,每 667 平方米用药 250 克,每隔 7～10 天 1 次,可起到防治作用。发生严重时可用下列药剂喷雾防治:40％嘧霉胺悬浮剂 1 000 倍液,或 50％乙烯菌核利可湿性粉剂 1 000 倍液。

(二)根蛆　对根蛆的防治应在定植前和幼苗苗床期进行。苗期可用下列药剂喷洒防治:40％辛硫磷乳油 1 000 倍液,或 2.5％溴氰菊酯乳油 3 000 倍液。

第十一节　樱桃萝卜

　　樱桃萝卜,十字花科萝卜属,其肉质根及叶均可食用。肉质根中富含碳水化合物、维生素、无机盐、淀粉酶和辣芥油。肉质根色泽鲜红或洁白,晶莹剔透,质脆味甜,常以生食佐餐,能帮助消化、增进食欲、宽胸开胃、健身强体。因其生长期在 35~40 天之间,故可作为 2 大茬蔬菜之间的夹茬品种;也可排开播种,周年上市。

一、生物学特性

　　(一)植物学特征　樱桃萝卜的根较短,主根深为 20 厘米;其肉质根圆形、椭圆形;根皮有红、白和上红下白 3 种颜色,肉多为白色;单根球重十几克至几十克。樱桃萝卜的叶在营养生长时期丛生于短缩茎上;叶有板叶种和花叶种之分;叶色有浅绿色和深绿色,叶柄与叶脉也多为绿色,个别的略带红色;叶片与叶柄有茸毛。植株通过温、光周期后,由顶芽抽生花茎,高 1~1.2 米,称为主枝。主枝叶腋间发生侧枝,主、侧枝上都直接着生花。总状花序,十字花形;花色有白色、淡紫色;主枝上花先开,每枝自下而上逐渐开放,全株花期约 30 天。果实为角果,成熟时不开裂。种子为扁圆形,种皮色有暗褐色和浅黄色,种子发芽率可保持 5 年,但生产上宜用 1~2 年内产的种子。

　　(二)生长发育　樱桃萝卜为二年生草本植物。秋季栽培第一年为营养生长阶段,先形成叶和肉质根;第二年进入生殖生长阶段,抽薹、开花、结实,完成由播种到种子成熟的生长周期。但在春季提早播种,也能在一年内完成整个生长周期。

　　1. 发芽期　由种子开始萌动到第一片真叶展开一般为 3~5 天,此期依靠种子内贮藏的养分和适宜的温度、水分、空气等外界条件使种子萌动、发芽和子叶出土。

2. 幼苗期　由真叶展开到形成5～7片真叶、根出现破肚现象需10天左右。真叶展开后，幼小植物进入"离乳期"，由依靠种子内营养物质逐渐转移到依靠叶片光合作用生长。

3. 肉质根生长期　从破肚至肉质根形成需10～15天。

（三）对外界环境条件的要求　樱桃萝卜是半耐寒性蔬菜，生长的温度范围为5℃～25℃，生长适温为20℃左右，超过25℃植物生长衰弱，6℃以下生长缓慢，0℃以下肉质根易遭受冻害。樱桃萝卜根系较浅，对土壤的适应性较广，但仍以土层深厚、排灌方便、疏松透气的沙质壤土为最好。要求土壤含水量70%～80%，如果土壤过于干旱，不仅会延长生长期、降低产量，还会使肉质根的须根增多，同时会使外皮干燥粗糙、味辣、空心、糠心等，严重影响商品品质。在干旱条件下，尤其是伴随高温，容易引起病虫害的发生。

二、品种选择

（一）二十日大根　由日本引进的红皮品种。肉质白嫩，球形，直径2～3厘米，单根球重15～20克。生长期20～30天，生育适温为20℃左右。

（二）四十日大根　由日本引进的品种。肉质根球形，根色红，肉质细嫩，直径2～4厘米，单根球重20～25克。该品种不耐炎热，生育适温为15℃～22℃，超过25℃易抽薹。生长期30～40天，冬季生产稍延长5～7天。

（三）红小新　杂一代早熟品种。杂交优势明显，长势强，生长快速，品质一致，商品性极佳。根部外皮光滑，颜色鲜红发亮，肉质雪白，耐破裂，不易糠心。在适宜生长气温条件下20天左右可收获。抗病、高产。

除此以外，还有福丁萝卜、北京樱桃萝卜、上海小红萝卜和东北的算盘子萝卜等。

三、茬口安排

櫻桃萝卜的生长期短,一般播种后 30 天左右便可采收。因此,北方日光温室樱桃萝卜可周年生产、周年供应,对播种期要求不严格,主要应根据市场需求决定播种期和播种面积。长江流域露地生产结合大棚栽培也可实现周年供应。

四、日光温室樱桃萝卜栽培技术

日光温室樱桃萝卜除 7~8 月份外界气温太高不宜生产外,在全年其他时间内可排开播种,均衡上市。

（一）整地施肥　在土层深厚、土质疏松、能灌能排、比较肥沃的砂壤土上栽培樱桃萝卜,肉质根生长迅速,形状端正,外皮光洁,色泽美观,品质优良。土壤以呈中性或微酸性为好;如果土壤质地黏重少肥,酸碱过度,往往出现多种生理病害。所以温室内栽培樱桃萝卜对黏重土壤进行改良是非常必要的。

樱桃萝卜个体小、种植密度大,整地的要求是:深耕、晒土、平整、细致、施肥均匀。这样才能促进土壤中有效养分和有益微生物的活动,并能蓄水保肥,有利于根系吸收养分和水分,从而使叶面积迅速扩大,肉质根加速膨大。由于樱桃萝卜生长期较短,生长期一般不再追肥,故基肥一定要施足,一般每 667 平方米施有机肥 3 000~4 000 千克。所施有机肥必须充分腐熟,新鲜有机肥或施肥不均匀易造成少苗、烧苗、肉质叉根、形状不匀等。为促进肉质根的迅速膨大,播种时每 667 平方米可施用过磷酸钙 7.5~10 千克作种肥。

日光温室内栽培樱桃萝卜,由于生长条件好,温、湿度易于控制,所以做畦以平畦为好,简单省工。为采收方便,畦宽以不超过 1.2 米为好。

（二）播种与定苗　播前须注意种子质量的检查。要选用品种纯正、粒大饱满的新种子。一般萝卜种子的使用年限为1~2年，备种时一定要弄清种子生产日期。樱桃萝卜的播种量大，每667平方米需购种1千克以上。

樱桃萝卜适宜直播。依据土壤墒情，可条播，也可撒播。条播时行距8~10厘米，开沟后用铁壶顺沟浇水，水渗后播种，播种深度为1.2~1.5厘米，播种不宜过深，否则子叶在出土以前消耗种子内的营养过多，出苗不齐且生长势弱。撒播时，先顺畦浇水，水渗后撒籽，再覆土1厘米厚。

播种后2天开始出苗，4天后齐苗。幼苗2片子叶展平后，即进入幼苗生长期。因此，必须及时间苗。间苗应掌握早间苗、分次间苗、适时定苗的原则，以保证苗齐苗壮。每平方米保苗300株左右。过密肉质根生长易畸形，而且叶子多，根球小；过稀，虽然肉质根膨大快，但产量小，也难以获得高效益。

(三)田间管理

1. 温度管理 樱桃萝卜既不耐寒也不耐热，播后出苗前，应保持20℃~25℃的适宜温度，出苗后温度控制在18℃~20℃。温室内气温超过25℃一定要通风；温室内气温不能低于12℃，否则生长缓慢。

2. 水肥管理 生长期间注意土壤墒情，保持田间湿润，以达到田间持水量的70%~80%为宜，且浇水要均衡。一般不需追肥，如果土壤肥力不足，也可随水冲施少量速效氮肥。

3. 中耕除草 条播情况下，待幼苗出土后，结合间苗、定苗需要中耕1~2次，以促进根的膨大。

4. 采收 当肉质根直径达2~3厘米时，就要陆续采收，一般从种至收需25~30天。要根据不同季节和生长期长短适时采收。采收过早，影响产量和品质，难于出售；收获过晚，球体过大，引起裂根、糠心、叶片发黄，品质下降。

五、病虫害防治

由于樱桃萝卜生长期短,病害较少,因此重点是防治虫害。

(一)地下害虫 播种后至出苗前,每 667 平方米用 40％毒死蜱乳油 10 倍液 0.2 升或 90％敌百虫可溶性粉剂 30 倍液 0.15 升,与 5 千克炒香的麦麸加适量水拌匀,于傍晚撒施田间,每 667 平方米每次 2.5 千克。

(二)蚜虫 可用下列药剂喷雾防治:3‰啶虫脒乳油 1 000～1 250 倍液,或 10％吡虫啉可湿性粉剂 1 500 倍液,或 10％氯氰菊酯乳油 2 500～3 000 倍液。

(三)菜青虫 可用下列药剂喷雾防治:2.5％高效氯氟氰乳油 1 500～2 000 倍液,或 10％联苯菊酯乳油 4 000～5 000 倍液。

第十二节 樱桃番茄

樱桃番茄属茄科番茄属中以成熟多汁浆果为产品的草本植物。起源中心是南美洲的秘鲁、厄瓜多尔和玻利维亚。樱桃番茄富含各种维生素和无机盐等,可以生食、煮食或整果罐藏。其状如樱桃,李形或梨形,是菜中佳肴,果中珍品,菜、果兼用。最适于庭院园艺栽培。近年来,随着各大宾馆、饭店需求量的增大,樱桃番茄越来越得到人们的认可。因此,怎样合理地种植樱桃番茄日益受到人们的重视。

一、生物学特性

(一)植物学特征 根系发达。主要分布在 30 厘米的耕层内,最深可达 1.5 米;根群横向分布直径可达 1.3～1.7 米;根系再生能力强。茎半蔓性,为无限生长类型,基部木质化。分枝性强,为合轴分枝。叶互生,不规则羽状复叶,每叶有小裂片 5～9 对,小裂片卵形或椭圆形,叶缘齿形,浅绿色或深绿色。茎、叶上密被短腺毛,分泌液散发特殊气味。总状花序或复总状花序。顶芽为花芽,第一花位于第七至第九节间,其后花序都着生各节侧枝枝端。每隔1~3叶生一花序。完全花,花冠黄色,基部相连,先端5裂,花药连成筒状,雌蕊位于花的中央,子房上位。自花授粉,天然异交率4%以下,所以在留种时隔离距离达50米即可。果实有红色、粉色、黄色等,单果重10~20克,每花序可结果10个以上,多者可达50~60个之多。

(二)生育周期

1. **发芽期** 从种子发芽到第一片真叶出现(破心)为发芽期。在正常温度条件下,这一时期为7~9天。发芽期的顺利完成主要决定于温度、湿度、通气等条件及覆土厚度等。种子吸足水后,在25℃的温度及10%以上含氧量条件下发芽最快,36小时左右开始发根,再经2~3天,子叶出现。如将萌动的种子进行低温(0℃~2℃)或变温(8~12小时20℃,12~16小时0℃)处理,往往能在较低的温度下长出一致的幼苗,促进早熟。

2. **幼苗期** 由第一片真叶出现至开始现大蕾阶段为幼苗期。幼苗期经历2个不同阶段,真叶2~3片,即花芽分化前为基本营养生长阶段,该阶段的营养生长为花芽分化及进一步的营养生长打下基础。播种后25~30天、幼苗2~3叶期,花芽开始分化,进入幼苗期的第二阶段,即花芽分化及发育阶段。播种后35~40天开始分化第二花序,再经10天左右分化第三花序。创造良好条件、防止幼苗的徒长和老化、保证幼苗健壮地生长及花芽的正常分化发育,是这一阶段栽培管理的主要任务。

3. **开花坐果期** 樱桃番茄是连续开花和坐果的作物,这里所指的开花坐果期仅包括第一花序出现大蕾至坐果的一个不长阶段。这一阶段是从以营养生长为主过渡到生殖生长与营养生长同等发展的转折时期,直接关系到产品器官的形成及产量,特别是早期产量。在正常条件下,从花芽分化至开花需经 30 天左右,但在生产中往往比这段时间要长,因为育苗后期的幼苗锻炼及定植后的幼苗缓苗都会延缓幼苗的生长发育。促进早发根、注意保花保果是这一阶段栽培管理的主要任务。

4. 结果期　从第一花序坐果到结果结束(拉秧)都属于结果期。从产量形成的过程及管理技术看,一般情况下早期产量与总产量是存在一定的矛盾,但这种矛盾是可以在一定的条件下统一的。在结果期中,应该创造良好的条件促进秧、果并旺,周期变化缓和,不断结果,保证早熟丰产。

(三)对环境条件的要求

1. 对温度条件的要求　不同生育时期对温度的反应不一。种子发芽的适温是 28℃～30℃,最低发芽温度为 12℃左右;幼苗期的白天适温为 20℃～25℃、夜间 10℃～15℃;开花期对温度反应比较敏感,尤其在开花前 3～5 天及开花当天及以后 2～3 天时间内要求更为严格,白天适温为 20℃～30℃、夜间 15℃～20℃,过低(15℃以下)或过高(35℃以上)都不利于花器的正常发育及开花;结果期白天适温为 25℃～28℃、夜温 16℃～20℃。

2. 对光照条件的要求　樱桃番茄是喜光作物,光饱和点为 7 万勒。若光照强度下降,樱桃番茄的光合作用会显著下降,因此在栽培中必须经常保证良好的光照条件。一般应保证 3 万勒以上的光强度,才能维持其正常的生长发育。在冬季温室栽培中,由于光照不良,植株营养水平降低,造成大量落花,影响果实正常发育,降低产量。樱桃番茄属短日照植物,在由营养生长转向生殖生长,即在花芽分化转变过程中基本要求短日照,但要求并不严格,多数品种在 11～13 小时的日照下开花较早。也有不少试验指出,在 16 小时光照条件下生长最好。因其喜光,所以在栽培中必须经常保证良好的光照条件才能维持其正常的生长发育。

3. 对水分条件的要求　樱桃番茄适宜的空气相对湿度为

45%～50%。幼苗期生长较快,为避免徒长和发生病害,应适当控制浇水。第一花序坐果前,土壤水分过多易引起植株徒长、根系发育不良,造成落花。第一花序果实膨大生长后,植株枝叶迅速生长,需要增加水分供应。尤其盛果期需要大量水分供给。

4. 对土壤及养分的要求　樱桃番茄对土壤的要求不太严格,但在排水不良的黏壤土上生长不佳。所以,应选择以土层深厚、肥沃、通气性好、排水方便而又有相当的水分保持力、酸碱度在 pH 值 5.6～6.7 之间的沙质壤土或壤土为好。为满足其生育过程中营养的消耗和物质的形成需从土壤中吸收大量的氮、磷、钾等主要元素,必须施足肥料。其中樱桃番茄吸收消耗量最多的是钾,其次是氮、磷。

二、品种选择

(一)小玲　日本品种。果实圆球形,深红色,果皮硬度适中,耐运输,含糖量 8%～9%。叶色深绿,生长势强。易坐果,单果重约 20 克。

(二)圣女　由台湾农友种苗公司选育。早熟品种,从定植至采收需 60 天左右。植株生长势较强,分枝力强,属于无限生长类型。结果能力强,每穗可结果 40～60 个。果实长椭圆形,果色鲜红,种子少,不易裂果,果实含糖量 8.1%,品质好。对病毒病、萎凋病(枯萎病)、叶斑病、晚疫病耐性较强。单果重 14 克左右,每667 平方米产量可达 1 000 千克左右。

(三)金珠　由台湾农友种苗公司育成。早生,播种后 75 天左右可采收。植株无限生长型,叶微卷,叶色深绿。结果力非常强,1个花穗可结果 16～70 个。双干整枝时,1 株可结 500 果以上。果实圆形至高球形,果色橙黄亮丽,单果重 16 克左右,糖度可达 10度,风味甜美,果实较硬,裂果少。本品种适于春季和秋季栽培。

(四)东方红莺　由东方正大种子有限公司选育,早熟品种。

果实圆形,红色,直径 2.5～3 厘米,单果重 15～20 克。植株无限生长型,长势中等。花序多分枝,平均每花序坐果 40～50 个。果实含糖量高,口感佳,不易裂果,耐贮运。适宜温室大棚或露地越夏种植。

(五)樱桃红　荷兰品种。早熟品种。植株生长势较强,无限生长类型。结果能力一般,每穗可结果 10 个左右。果实圆形,红色,果味稍甜,品质好。该品种抗病性强。单果重 13 克左右,每667 平方米产量可达 1 000 千克左右。

三、茬口安排

樱桃番茄和普通番茄一样,不耐寒、不耐热,露地栽培只能在无霜期内进行。华北地区在高效节能日光温室内,通常根据播种期和定植期,把茬口分为秋冬茬、越冬茬和冬春茬。秋冬茬应采用高效节能日光温室,一般 7 月中下旬至 8 月上中旬播种育苗,8 月中下旬至 9 月上旬定植,9 月中下旬至 10 月初覆盖薄膜,11 月下旬至翌年 2 月初采收。冬春茬可采用普通日光温室和高效节能日光温室,一般 10 月下旬至 11 月上旬播种,翌年 1 月中下旬至 2 月上旬定植,3 月上中旬至 6 月份上市。越冬茬属于一大茬栽培,必须采用高效节能日光温室,一般 9 月中下旬至 10 月上旬育苗,11月份定植,翌年 1 月份开始收获,6 月份收获结束。

大棚樱桃番茄春提前栽培播种育苗期一般为 1 月下旬至 2 月上中旬,定植期 3 月中下旬至 4 月上旬。

四、日光温室樱桃番茄冬春茬栽培技术

(一)育苗　优质壮苗是丰产的基础。樱桃番茄的壮苗标准:茎粗壮直立、节间短。有 7～9 片大叶,叶色深绿,肥厚,叶背微紫。根系发达。株高 20～25 厘米,茎粗 0.6 厘米左右,整个株型呈伞形,定植前现小花蕾,无病虫害。

冬春茬栽培苗期在寒冷的冬季,气温低、光照弱、日照短,不利于幼苗生长。因此,在育苗过程中要注意防寒保温,争取光照,使苗健壮发育。

1. 播期及苗龄　这茬栽培多在温室内育苗,日历苗龄70天左右。如采用地热线加温温床育苗,苗龄可缩短到50天左右。播种期由苗龄、定植期、上市期决定。在华北地区如果计划在翌年1月中下旬至2月上旬定植、3月上中旬至6月份上市,则播种期一般安排在10月下旬至11月上旬。

2. 播种前的准备工作

(1)备种　育苗时,每667平方米需种子40~50克,应提前准备好。

(2)床土配制

①播种床土:根据自身条件播种床土可采用以下几个配方中的1个。

配方Ⅰ:园田土2/3＋腐熟马粪1/3。

配方Ⅱ:园田土1/3＋过筛细炉渣1/3＋腐熟马粪1/3(园田土比较黏重时使用,按体积计算)。

配方Ⅲ:草炭60%＋园田土30%＋腐熟细鸡粪10%(重量比)。

配方Ⅳ:炭化稻壳1/3＋园田土1/3＋腐熟圈粪1/3(体积比)。

②分苗床土:肥沃园田土6份＋腐熟农家肥4份。

③床土用量:播种床土厚度8~10厘米,每平方米苗床需土100千克左右;分苗床土厚度10~12厘米时,每平方米苗床需土140千克左右。一般每667平方米需用播种床5平方米、分苗床50平方米。

④床土消毒:用50%多菌灵可湿性粉剂300~500倍液喷洒床土,翻1层喷1层。然后用塑料薄膜覆盖,密封5~7天,揭开晾

2～3 天即可使用。

3. 种子消毒和浸种催芽

(1)种子消毒　消灭种子内外携带的病原菌,减少发病的传染源。常采用温汤浸种。方法是:先将种子在凉水中浸泡 20～30 分钟。捞出后放在 50℃～55℃热水中不断搅拌,随时补充热水,使水温保持在 50℃左右 20～30 分钟。水温降至室温后,再浸种 4～5 小时。捞出用布包好催芽。其他种子消毒方法请参见育苗部分。

(2)浸种催芽　种子发芽适温 20℃～28℃。浸种 6～8 小时,把种子晾至离散,用湿润的毛巾或纱布包好,放到发芽箱、恒温箱内或火炕附近,在 25℃～30℃温度条件下催芽。在催芽过程中,每天用温清水冲洗种子 1～2 次,当大部分种子露白时即可播种。

4. 播种　种子催芽后,晾干种子外面的水分。在播种床中浇足底水,冬季播种水温以 30℃为宜,土温偏低的水温还可以高些。水渗下后在床上再撒 1 薄层细床土,将种子均匀地撒在床面上。技术不熟练的,可将种子掺入细沙后再撒。然后盖过筛的细土,厚度 1 厘米左右。

5. 苗期管理

(1)温度管理　见表 7。

表 7　樱桃番茄苗期的温度管理 　(℃)

生长期	白天苗床气温	夜间苗床气温	地　温
播种至齐苗(3～4 天)	28～30	24～25	20
齐苗至分苗前	20～25	15～18	12～20
分苗至缓苗前	25～28	20	20
缓苗至定植前 1 周	20～25	13～15	18～20
定植前 1 周	15～18	8～10	15

(2)水分管理　整个育苗期要严格控制浇水,不浇大水。空气

相对湿度不超过 70%。

（3）分苗　在幼苗 2～3 片真叶时分苗。分苗密度为 10 厘米×10 厘米或 8 厘米×10 厘米。也可直接分到营养钵内，分苗时浇透水。

（4）切方与囤苗　除采用营养钵育苗外，在营养方上育苗的要于定植前 5～7 天浇透水，按分苗时的株、行距切方块，并围土囤苗。

（二）定　植

1. 定植前准备　定植前 15～20 天扣膜，提高地温。每 667 平方米施入充分腐熟有机肥 5 000 千克以上、过磷酸钙 50 千克、磷酸二铵 40 千克。深翻后做成小高畦，畦宽 1.1～1.2 米，地膜覆盖。准备好后于定植前 3～4 天进行温室消毒。方法是用硫黄粉、敌敌畏、百菌清和锯末，按 0.5～1∶1∶0.25∶5 的比例混合，点燃熏烟，密闭 48 小时，再通风 24 小时即可。

2. 定植期　当 10 厘米地温稳定通过 8℃以上即可定植。日光温室冬春茬宜选定于 1 月中下旬至 2 月上旬定植。

3. 定植方法　破膜点水定植，每畦 2 行，有限生长类型株距 25～30 厘米，每 667 平方米保苗 3 000～3 500 株。由于是大架栽培，种植密度宁稀勿密。无限生长类型每 667 平方米保苗 2 000～2 500 株。

（三）田间管理

1. 温、湿度管理　定植初期，为促进缓苗，温室内不通风，保持高温高湿环境，温室气温保持白天 25℃～30℃，夜间 15℃～17℃。缓苗后开始通风调节温、湿度，白天 20℃～25℃，夜间 15℃～17℃，空气相对湿度不超过 60%。每次浇水后及时通风排湿，防止因湿度过高发生病害。

2. 肥水管理　缓苗后，点水定植的要补浇 1 次小水，然后开始蹲苗。樱桃番茄茎细弱，易窜高，所以要认真做好中耕蹲苗工作。当第一、第二花穗开花坐果后,结束蹲苗,浇 1 次小水,同时每 667 平方米追施尿素 10～15 千克。1 周后再浇 1 次水。以后视土壤、天气、苗情及时浇水,保持土壤见干见湿,并每隔 1～2 次水每 667 平方米追施 1 次尿素 10～15 千克。

3. 植株调整 单干整枝,及时去除分杈。尼龙绳吊蔓。由于采收期长,尼龙绳一定要牢固、不易老化。根据栽培要求 8～10 穗果摘心或随时落秧盘条,使其无限生长。

及时疏除底部老叶,坚持疏花疏果。据试验观察,圣女品种每穗保果 20～25 个,果实整齐,生长一致,故每穗留果不超过 25 个;而有的品种每穗留果 10～15 个,及时掐去果穗前的小花。

4. 激素保花 用 40 毫克/升的防落素喷花,是防止花前落花的有效方法。但一定要注意不可重复蘸花,且随温度升高逐渐降低激素使用浓度;整个生长期均进行激素处理,否则易形成空穗或特小果。

(四)采收 樱桃番茄采收繁琐,需用大量人工。一般不需人工催熟,根据需要随时采摘不同熟期的果实。

五、日光温室樱桃番茄秋冬茬栽培技术

培育高质量无病虫壮苗是日光温室樱桃番茄秋冬茬生产的关键。苗期高温、多雨、强光、虫害、干旱及伤根是诱发病毒病的主要原因。因此,育苗时一定要注意做到"六防",即防高温、防干旱、防雨冲、防强光、防蚜虫、防伤根。

(一)播种期 一般 7 月中下旬至 8 月上中旬播种育苗,苗龄 30 天左右。

(二)育 苗

1. 播种前准备 选择地势高燥、通风、排水便利的地方建苗床,每平方米施入充分腐熟的有机肥 4～5 千克,精细整地,插小拱棚,覆盖遮阳网。

2. 种子消毒　用55℃温水浸泡种子 10 分钟,水温降至 30℃ 再浸种 6～8 小时。捞出放在 10%磷酸三钠溶液中浸泡 20 分钟, 然后用清水洗净种子表面残留液,用湿纱布包好,放在 30℃温度 条件下催芽。

3. 苗期管理　幼苗 2 片子叶展平时移入 8 厘米×8 厘米营养 钵内。用遮阳网防止强光照射和暴雨冲刷。发现蚜虫及时防治。 苗床宜见干见湿,缺水应及时补充。苗龄 25～30 天、植株 5 片叶 时定植。

(三)定植及定植后田间管理

1. 定植　8 月中下旬至 9 月上旬选阴天或晴天下午定植。株 行距 28～35 厘米×50～55 厘米,每 667 平方米保苗 3 000～3 500 株,宜稀不宜密。定植时严格选苗,淘汰弱苗、残苗。

2. 定植后田间管理　前期注意通风降温,温室气温白天控制 在 30℃以下、夜间不超过 20℃。使用遮阳网栽培可以收到事半功 倍的效果。土壤见干见湿,及时浇水。用 0.01%多效唑防止植株 徒长。生育后期以防寒保温为主,及时覆膜加纸被,保持棚内气温 白天 20℃～25℃、夜间 15℃以上。

植株调整、激素保花及肥水管理等同冬春茬。

六、日光温室樱桃番茄冬茬栽培技术

日光温室樱桃番茄冬茬栽培播种期一般于 9 月中下旬至 10 月上旬育苗,11 月份定植。定植时采用地膜覆盖,并根据温度情 况加盖小拱棚。定植后的整个生长期以保温防寒为主,温度控制 尽量高些,温室内气温控制在白天 25℃～30℃、夜间 15℃以上。 华北地区日光温室如遇连阴天温度有时降到 5℃以下,需要临时 补温。为降低温室内湿度,减轻病害的发生,在晴天中午进行短时 间的通风,并通过早揭晚盖草苫、勤擦拭棚膜、张挂反光幕等方法, 增加室内光照。

激素保花、肥水管理、植株调整参照冬春茬生产。

七、病虫害防治

(一)早疫病

【症　状】　苗期、成株期均可染病。主要侵害叶、茎、花、果。叶片上病斑初期呈水渍状褐色斑点,扩大后呈圆形,有同心轮纹,潮湿时产生黑色素。茎上染病多在节处形成褐色椭圆形凹陷斑。叶柄受害,生椭圆形轮纹斑,深褐色或黑色,一般不将茎包住。果实染病多发生于果蒂处,形成褐色凹陷斑块,有轮纹,易造成落果。

【防治方法】

(1)加强管理　播种前进行种子消毒,用 50℃～55℃温水浸泡 15～20 分钟。栽培上合理密植,实行 3 年以上轮作。温室内加强通风、降温排湿,避免高湿环境。

(2)药剂防治　生育期内连续用药防治。可用下列药剂喷雾防治:58%甲霜·锰锌可湿性粉剂 500 倍液,或 64%噁霜·锰锌可湿性粉剂 600 倍液,或 75%百菌清可湿性粉剂 600 倍液,或 50%异菌脲 1 000～1 500 倍液。于发病前用药,每隔 7 天喷 1 次,连续喷 3～4 次。

(二)叶霉病

【症　状】　主要危害叶片,发病严重时也危害茎、花和果实。发病初期叶面出现不规则形或椭圆形淡黄色绿斑,叶背病部着生褐色霉层;发病后期布满叶背,变为黑色,叶正面出现黄色病斑,叶片由下向上枯黄卷曲,植株枯黄。果实染病常绕果蒂形成圆形黑色凹陷硬斑,潮湿时出现褐色霉层。

【防治方法】

(1)科学管理　保护地内采用生态防治法,加强棚内温、湿度管理,适时通风,适当控制浇水,浇水后及时排湿,及时整枝打杈,按配方施肥,避免氮肥过多,提高植株抗病能力。

（2）药剂防治　发病初期用 45％百菌清烟剂熏治，每 667 平方米每次用药 250～300 克，熏 1 夜，每隔 8～10 天熏 1 次。喷药防治可选用下列药剂：2％武夷菌素水剂 100～150 倍液，或 47％春雷·王铜可湿性粉剂 600～800 倍液，或 70％甲基硫菌灵可湿性粉剂 1 000～1 200 倍液，或 50％异菌脲可湿性粉剂 1 500 倍液。每隔 7～10 天喷 1 次，共喷 3～4 次。注意喷布叶背面。

（三）蚜　虫

【为害症状】　以成虫及幼虫刺吸植物汁液，造成叶片卷缩变形，生长缓慢，而且其传播多种病毒病，造成的危害远远大于蚜害本身。为害番茄的蚜虫主要是桃蚜，一年发生 10～20 代，世代重叠极为严重。发育起点温度为 4.3℃，最适温度为 24℃，高于28℃不利其活动。桃蚜对黄色、橙色有强烈趋性，对银灰色有负趋性。

【防治方法】

（1）物理防治　温室通风口处张挂银灰色膜条驱蚜。每 667平方米棚室设置 30 块 1 米×0.1 米的橙黄色板条，板上涂 10 号机油，诱杀成虫，每隔 7～10 天涂油 1 次。

（2）药剂防治　苗床喷药治蚜，做到带药定植，田间连续消灭蚜虫。可用下列药剂喷雾防治：3％啶虫脒乳油 1 000 倍液，或10％吡虫啉可湿性粉剂 2 000 倍液，或 20％甲氰菊酯乳油 2 000 倍液，或 2.5％联苯菊酯乳油 3 000 倍液。喷洒时应注意喷嘴要对准叶背，将药液尽可能地喷射到瓜蚜体上。封膜后也可使用 22％敌敌畏烟剂熏杀，每 667 平方米用药 500 克，分散 4～5 堆，用暗火点燃，冒烟后密闭 3 小时，杀蚜效果在 90％以上。

（四）温室白粉虱

【为害症状】　温室白粉虱俗称小白蛾子。以成虫和若虫吸食植物汁液。受害叶片褪绿、变黄、萎蔫，甚至全株枯死。分泌蜜露引发煤污病，使蔬菜失去商品价值。

【防治方法】

(1)培育"无虫苗"　定植前温室内彻底熏杀残余虫口,清理杂草残株,在通风口处密封尼龙纱,控制外来虫源。

(2)张挂橙黄板　温室内每 667 平方米张挂 32～34 块 0.2 米宽的长条板诱杀害虫。长条板用油漆涂为橙黄色,再涂 1 层机油。当白粉虱粘满板面时,需及时重涂机油,一般 7～10 天重涂 1 次。

(3)药剂防治　用 25%噻嗪酮可湿性粉剂 1 000 倍液加 2.5%联苯菊酯乳油 3 000 倍液喷药防治。这 2 种药同时使用既杀成虫又杀若虫和卵。连续使用 2～3 次,效果较好。

第十三节　人 参 果

人参果在植物学上称香瓜梨,俗称人参果,又称香艳梨、香艳茄。多年生草本植物。原产于南美洲秘鲁,是当地印第安人长期食用的蔬菜。1785 年传入英国,1882 年引种到美国,目前欧、美、大洋洲各国均有栽培,现已成为商品蔬菜或商品水果。人参果在我国引种虽然仅有短短几年,却显示出了高产优质的特点。

人参果鲜艳美丽,果肉清香多汁,风味独特,营养丰富,可溶性固形物达 10.6%,具有高蛋白、低糖、低脂肪的特点。富含维生素和各种微量元素,硒、钼和钙的含量也比一般水果、蔬菜高。人参果硒的含量高达 0.15 毫克/千克,属富硒植物,故被誉为"生命的火种"、"抗癌之王"。

在我国,人参果不仅能在露地条件下栽培,而且也适合在设施条件下栽培。当年栽种当年就可结果,也可一次栽种多年受益。

一、生物学特性

(一)植物学特征　人参果株高 80～100 厘米,分枝萌发能力极强。茎秆不太坚硬,表面有不规则的棱。叶片长卵形,绿色,长

12～15厘米,宽4～6厘米。聚伞花序,每个花序有花10～20朵不等,花冠白色或淡紫色。每个花序可着果1～6个不等,果实形状大小不一,有卵形、椭圆形。红熟果外皮颜色:长丽品种为浅黄色,紫色花纹明显;大紫品种紫色部分多,有些果实近乎全紫色;阿斯卡(Asca)品种以浅黄底色为主,所分布的紫色条纹较淡。绿熟果的底色为浅绿色,所分布的纹斑为紫色。红熟果实爽甜多汁,总酸度仅0.09%。每个果实有种子20～100粒,千粒重0.8～1.2克。

(二)对环境条件的要求 人参果在适宜的环境条件下,播种后7～15天可出苗,幼苗期2～3个月。在适温下(15℃～30℃),苗高20～25厘米时即始花。我国北方地区,开花结果的适温期是6～9月份;亚热带地区则在10月份至翌年3月份。处于以上二者之间的地区,前开花结果期在5～7月份,后开花结果期在9月份至11月上旬。温度在34℃以上,很难着果;0℃以下的低温,易致植株死亡,故须采取保护措施越冬。第一年播种栽植成功之后,不需每年再用种子繁殖,用枝条和嫩尖繁殖即可。

二、品种选择

(一)长丽 生长旺盛,植株高大,叶色深绿,抗性较强,结实率高,单株全年结果最多达50个。果实大小整齐,单果重150～250克,最大的1050克。果实长心脏形,幼果绿色,成熟果金黄色,并带有明显的紫色花纹。这是当前重点推广的品种,栽培面积也最大。

(二)大紫 生长旺盛,抗寒性较强,结实率高,全年单株结果最多35个。单叶,叶色深绿,叶片大。果实大小不太整齐。果实较小,单果重一般不如长丽品种。果实长心脏形,幼果绿色,成熟果金黄色,带有紫色条纹。由于紫色条纹部分太多,花纹不太清晰,紫红色部分占全果的70%以上,故名"大紫"。

（三）阿斯卡 植株生长势强，茎秆粗壮，叶片基部长出 2 个小叶。耐高温，气温达 35℃时还能结果。果实长心脏形，果个大，一般长约 15 厘米，直径约 9 厘米，单果重 200 克左右，最大的 500 克。幼果绿色，成熟果金黄色，带有明显的紫色条纹。单株全年结果 40 个左右，结果率较高。由于耐高温，这一品种很有发展前途。

三、茬口安排

（一）温室与露地结合—大茬栽培 2 月份温室中扦插育苗，当地晚霜过后定植到露地。5 月下旬至 6 月份开花坐果，9～10 月份第二次开花坐果。秋后若果实不能成熟，可转入保护地短期覆盖。日光温室与塑料大、中棚结合春提早栽培，于 12 月份在日光温室中扦插育苗，当地晚霜结束前 1 个月定植于大、中棚内，可比露地定植的提早上市 1 个月左右。为了使第二次结果充分成熟，后期也要转入塑料棚中。

（二）日光温室秋冬茬栽培 6～7 月份露地扦插育苗，8～9 月份定植于温室内，10～11 月份开花结果，冬季陆续上市。这茬产量不高，但效益较好。

（三）日光温室冬春茬栽培 9～10 月份温室内扦插育苗，11～12 月份定植于温室内，翌年 1～2 月份开花坐果，春季后陆续上市。此茬因气温逐渐升高、日照逐渐增强，植株生长发育良好，产量也高。

四、育苗繁殖技术

（一）种子繁殖 人参果的种子一般无休眠期，一年四季均可播种。但冬季有霜区最好选在 2～8 月份育苗，以早育苗为好。早春育苗应盖膜防寒。种子可在室内催芽后再播种，也可直播。播前先在整好的畦面撒 1 层约 1 厘米厚的细沙，将种子均匀地排放在细河沙上，粒距 5 厘米×7 厘米。种子数量较充足时也可采取撒播,但种子一定要撒均匀。撒种后再撒 1 层细河沙将种子盖好。从播种至移栽需 60～80 天。在整个育苗过程中,应保持畦面湿润,经常除草,适时追肥,防止螨类害虫为害。

(二)无性繁殖 主要利用嫩枝扦插繁殖。应选健壮、直立的嫩枝,取长度为 15 厘米左右的一段作插条,带叶扦插。不需任何激素处理,扦插成活率可达 95%以上。扦插方法有直插法和苗床扦插法 2 种。

1. 直插法 按照人参果种植的株行距,直接扦插到种植地里,然后按照具体方法管理。

2. 苗床扦插法 选择疏松肥沃的土壤,做成宽 1.5 米的畦,畦沟宽 30 厘米。将畦面的土块整细,然后用清粪水(可加少量化肥)泼湿畦面,尽可能湿透。然后将剪好的枝条插于畦面,入土 3～4 厘米深,枝条间距为 5 厘米×7～10 厘米。如培育大壮苗,距离可放宽到 10 厘米×10 厘米或 15 厘米×15 厘米见方。扦插后,必须保持畦面湿润。根据当地的气温及降水情况,每隔 10 天左右浇 1 次粪水,经 5～7 天即可生根,30～40 天即可移栽定植。

五、日光温室人参果栽培技术

(一)温室消毒 定植人参果前应对温室进行消毒。其方法是密闭温室,每 667 平方米用百菌清等杀菌剂 250 克、敌敌畏 1 千克,加锯末混合均匀,在温室内分堆点燃(只出烟不出明火)。也可用高锰酸钾 1000 倍液喷洒温室各个部位进行消毒。消毒后密闭 1～2 天后通风,温室内无气味时定植。土壤消毒可采用福尔马林 300 倍液或 50%多菌灵可湿性粉剂 500 倍液,将耕层土壤堆成堆,边翻倒边喷药,然后用塑料薄膜严盖数天,使用前 1 周去除薄膜,使药味散去,再行定植。

(二)整地施肥 定植前每 667 平方米施优质腐熟有机肥 6000～8000 千克作基肥。将基肥的 1/2 普施地面,深翻,使肥、土充分混合。按照行距开沟,把其余的基肥再加上磷酸二铵 30～40 千克、钾肥 20～30 千克混合后施入沟内,使肥、土充分混匀。做成宽 80～100 厘米和 40～50 厘米的大小行栽培垄,垄高 15 厘米。温室栽培还可以用高畦,畦宽 60～70 厘米,畦高 15～20 厘米,畦沟宽 30～40 厘米,在畦中间设滴灌带,上盖地膜。

(三)定植　当温室 10 厘米地温稳定通过 12℃时为定植适宜期。起苗前 2 天苗床浇小水,以便起苗时不散坨。起苗时尽量保全根系,将大小苗分开。按照 40～50 厘米×70～80 厘米的大小行定植,株距 35～45 厘米,定植密度每 667 平方米 2 500～3 000 株。秋冬茬定植时温度不是很低,可用明水定植,即先栽苗后浇水。

(四)定植初期的管理　人参果生育适温为 15℃～25℃,一般不能超过 28℃,夜间不能低于 8℃。秋冬茬扣膜后气温尚高,应及时通风;冬茬定植后应重点防寒保温。

浇水和中耕。秋冬茬明水定植的,在连浇 1～2 次水后,便进入蹲苗期。结合除草,中耕松土,促进扎根。定植缓苗后应及时查苗补苗,力争使苗齐苗壮。

(五)成株期的管理

1. 温度和湿度的管理　秋冬茬栽培时,当日平均气温降到 16℃时就要及时覆盖塑料薄膜,10℃以下时夜间要加盖草苫等保温。扣膜初期白天要注意通风,温室内气温白天保持在 15℃～25℃,最高不超过 28℃;夜间 10℃～15℃,最低不低于 5℃。温度不能保证时应采取临时加温措施。

冬春茬的前期要注意增温和保温。天气转暖后,注意通风,防止高温伤苗。当外界气温稳定在 10℃以上时,温室可昼夜通风;外界最低气温在 15℃以上时,则可逐渐撤掉薄膜。

人参果是半耐旱作物,适宜的空气相对湿度为 60%～70%。浇水后视温度情况,应及时通风,以降低湿度。采用地膜覆盖和膜下暗灌,效果更好。

2. **追肥和浇水** 中耕蹲苗至第一穗果实核桃大小时开始追肥浇水,以促进果实迅速膨大。每 667 平方米追施硝酸铵或磷酸二铵 20~50 千克。一般 1 穗果追 1 次肥。开花结果期应叶面喷施磷酸二氢钾、高美施等。进入结果期,人参果需水量加大,应及时浇水。浇水应在上午进行。冬季浇水时,最好提前将水温预热至适温。

3. **整枝打杈** 人参果分枝力极强,应插架栽培,最好采用竹竿插架或吊架。一般情况下,每株留主枝 2~4 个。种植密度大时留 2 个主枝,密度小时留 3~4 个主枝。在华北地区,结果期每隔 10~15 天就修剪 1 次,及时掰去或修剪多余的枝条,选择好的枝条扦插。

4. **防止落花落果** 为提高坐果率和加快果实发育速度,需用生长调节剂处理。方法可借鉴番茄的调节剂处理方法,以开花当天或开花后 1~2 天处理效果最好。人参果每个花穗花数为 8~10 朵,一般把每个花穗先开的 4~5 朵花留下,其余的去掉。应先疏花后蘸花,来不及疏花的留 3~4 个果为宜。

（六）**采收** 人参果幼果浅绿色,当果实膨大到一定程度、表面上出现紫色条纹时,果实已达七八成熟,各种营养成分达到了最高水平,是采收菜用人参果的适宜时期。作为水果食用的人参果则需要等待果皮呈金黄色,并有紫色条纹时再采收。人参果的果实应及时采收,如此有利于上部果实的生长。如有特殊需要时,成熟的果实可植株上垂挂 2~3 个月不落,起到吊秧保鲜的作用。人参果短期贮藏的适宜温度为 8℃~10℃,可存放 2 个月以上。

六、病虫害防治

（一）**疫 病**

【症 状】 主要危害叶片和果实,也侵染茎部。叶片染病多从叶尖和叶缘开始,出现暗绿色或灰绿色大型不规则水渍状病斑,然后很快变暗褐色;潮湿时在病斑边缘与健部交界处常有一圈浓霜状白霉,病斑扩展相连,全叶迅速干枯或腐烂;干旱时,病部呈黑褐色。茎部受害后形成暗褐色条斑,后变成黑色凹陷,潮湿时病斑边缘白霉层较显著,严重时病斑扩大、组织腐烂、容易弯折。果实染病最初在果面产生大而不规则、水渍状污斑,暗绿色,不久病斑中央呈黑褐色,四周颜色渐变浅,无明显边缘;病斑渐扩大,质地挺实,一般无轮纹;在非常潮湿时或病果落地后,病部表面产生大量白霉。

【发病条件】　以菌丝体或卵孢子随种苗传播,借雨水溅射到近地面的果实或叶片上形成初侵染。一般由下部叶片开始发病,低温、阴雨、湿度大、露水大、早晨或夜间多雾情况下易于发病。当较长时间空气相对湿度在85%以上、气温在25℃时极易流行。

【防治方法】　发病初期可选用下列药剂喷雾防治:70%丙森锌可湿性粉剂600~800倍液,或25%甲霜灵可湿性粉剂600倍液,或64%噁霜·锰锌可湿性粉剂500倍液,或69%烯酰·锰锌可湿性粉剂600~800倍液。每隔6~8天喷1次,喷药时兼顾地面。

(二)叶霉病

【症　状】　主要危害叶片,也可危害茎和果实。病叶初为黄色或浅绿色病斑,背面产生较厚的灰白色霉后变为紫灰色或黑褐色。病斑多时叶片皱缩、卷曲以至干枯。一般下部叶先发病,逐渐向上蔓延,病重时可引起全株叶片卷曲。嫩叶和果柄也有类似症状,引起花瓣凋萎或幼果脱落。果实上常见果蒂部产生近圆形的硬化凹陷斑。

【发病条件】　病菌从叶背的气孔侵入,发病适温为20℃~25℃,高湿时发病严重。植株茂密、通风不畅及浇水后往往容易大发生。

【防治方法】　发病初期可选用下列药剂喷雾防治:47%春

雷·王铜可湿性粉剂 600 倍液,或 50％腐霉利可湿性粉剂 1 000 倍液,或 70％甲基硫菌灵可湿性粉剂 1 000 倍液,或 75％百菌清可湿性粉剂 600 倍液。共喷 2～3 次。

（三）绵 疫 病

【症　　状】 主要危害幼果。病果先在近果顶或果肩部表面出现光滑的淡褐色斑,有时长有少许白霉,逐渐形成同心轮纹状斑,渐变成深褐色,皮下果肉也变褐色。湿度大时,病部长出白色霉,病果多保持原状,不软化,易脱落。叶片染病,上面长出水渍状大型褪绿斑,慢慢腐烂,有的可见同心轮纹。

【发病条件】 该病菌借雨水传播,并通过雨水和灌溉水进行传播再侵染。发病适温为 30℃左右,空气相对湿度大于 95％时有利于发病。

【防治方法】 同疫病。

（四）病 毒 病　 有花叶型和蕨叶型 2 种。防治方法应从苗木着手,推行种子繁殖,从无病株上采种,播种前进行药剂浸种消毒。扦插繁殖应从无病株上采集枝条,苗期要做好预防。病毒在田间杂草、病残体和种子上越冬,通过蚜虫、田间作业接触传播。应及时防除蚜虫,整枝打杈时应先从无病株做起。

第十四节　苦　瓜

苦瓜别名金荔枝、癞葡萄、凉瓜、癞蛤蟆、癞瓜等。属葫芦科苦瓜属的一年生蔓性植物。原产于东印度热带地区。每 100 克嫩瓜含水分 94 毫升、蛋白质 0.7～1 克、碳水化合物 2.6～3.5 克、维生素 C 56～84 毫克。苦瓜果实中含有一种糖苷,具有特殊的苦味,故称苦瓜。苦瓜一般为南方人所喜爱,但随着人们生活水平的不断提高和对苦瓜的营养价值及保健作用的了解,喜食苦瓜的人越来越多,现也渐渐为北方人所接受,目前苦瓜实际上已成为一种高档次的大众化蔬菜。利用大棚温室在冬、春蔬菜淡季进行生产,使苦瓜的供应由夏、秋季上市变为周年供应,不仅可以满足人们的消费需要,也能使生产者获得较高的经济效益。

一、生物学特性

(一)植物学特征

1. 根　苦瓜为直根系,根比较发达,侧根很多,根群主要分布在30～50厘米的耕层内,但主根入土和侧根水平分布不如南瓜深而广。苦瓜的根具有喜湿不耐涝的特点。

2. 茎　苦瓜的茎蔓性,细长,可达3～4米,五棱形。主蔓上各节的腋芽活动性强,能发生多级侧枝,形成繁茂的营养体。一般主蔓第十节以上着生雌花,而侧蔓在第二、三节以后就可以着生雌花。在棚室条件下由于通风条件、光照条件较差,易造成茎蔓细、节长、侧蔓萌生快和郁闭空间等不良现象。栽培时,应注意及时进行整枝打杈。

3. 叶　苦瓜的子叶出土后,先是生成初生真叶,盾形、对生、绿色。然后发生的真叶为互生、掌状、浅裂或深裂的裂叶,叶面光滑,深绿色,叶背浅绿色,一般具有5条明显的放射状叶脉。

4. 花　苦瓜的花单生,雌雄异花,单性。花小、黄色,雄花多而早开。第一雌花着生的节位因品种的熟性不同而有明显的差异,一般是着生在第八至第二十节上,以后每隔3～7节再着生雌花。雌花于清晨开放,自然条件下靠昆虫传粉,棚室栽培时需人工授粉。

5. 果实　苦瓜的果实形状因品种而异,多为纺锤形、圆形或圆筒形,表面有许多瘤状突起。嫩果为青绿色或浅白绿色;老熟的果实呈橙红色,易开裂。内部果瓤鲜红色,有甜味。

6. 种子　苦瓜的种子较大,短圆形,浅黄色,似龟甲状,两端有锯齿,表面有雕纹,千粒重150～180克。种子的发芽年限为

3～5年,使用年限为1～2年。苦瓜种子种皮厚、发芽慢,对温度要求较高,出土时间长,播前必须进行种子处理。

(二)对环境条件的要求

1. 温度　苦瓜原产于热带地区,喜温,耐热不耐寒。种子发芽的适温为30℃～35℃,20℃以下发芽缓慢,13℃以下发芽困难。幼苗期生长适温为20℃～25℃,15℃以下生长缓慢,10℃以下生长不良。开花结果期适温为20℃～30℃,最适温为25℃,此期还能忍受35℃～40℃的高温。

2. 光照　苦瓜属短日照作物,但对日照时间的长短要求不太严格,光照不足易引起落花落果。播后遇有连阴雨天气、温度低于10℃时,就易出现冷害。苗期光照不足时,会降低幼苗的抗寒能力。开花结果期需要较强的光照,充足的光照有利于光合作用,多积累养分,能提高坐果率,增加产量,提高品质。

3. 水分　苦瓜喜湿不耐涝,土壤湿度以保持在80%～85%之间、空气相对湿度以保持在70%～80%之间为宜。特别是开花结果期,茎叶、果实的发育都十分迅速,要求的水分也特别多,但是土壤不能积水。

4. 土壤营养　苦瓜适应性广,对土壤要求不严格,忌水渍,应选排水良好、土层深厚的沙质壤土或黏质壤土。苦瓜对养分的要求较高,如果土壤中有机质充足,则植株生长健壮,茎叶繁茂,开花结果多,产量高,品质优。特别是生长后期,若肥水不足,则植株衰弱,叶色黄绿,开花结果少,果实细小且苦味浓重,品质差。因此,在栽培苦瓜时,应注意氮、磷、钾肥及有机肥的合理施用。

二、品种选择

(一)东方青秀　早熟品种,定植后50天即可采收。高产,耐热、耐湿,抗病性、抗逆性强,生长旺盛,分枝多,主侧蔓均能结瓜。果实长圆锥形,果色翠绿美观,肉厚,耐贮运。肉瘤粗直,商品性好。果长 33 厘米左右,直径 7 厘米,单果重 650 克左右,单株结瓜 20 多个,每 667 平方米产量可达 5 000 千克以上。

(二)云南大白 中熟品种。果实长 40 厘米,横径 4 厘米,单果重 250～400 克,果实表面有瘤状突起,表皮白色,洁白如玉,质地脆嫩,味清甜略苦。抗病力强,耐热。

(三)长白 生长势强,分枝多。瓜长纺锤形,长 30 厘米,横径 5 厘米左右。表面有明显棱及瘤状突起,瓜皮绿色,瓜肉绿白色,有清香苦味。耐热性强,病害少。

(四)蓝山大白 湖南省蓝山县地方优良品种。植株生长旺盛,分枝力强。果实长圆筒形,长 40～70 厘米,横径 7～8 厘米,绿白色,有光泽,单瓜重 800～1 000 克。果表瘤状突起大而密,苦味较浓,果实商品性较好。

(五)长身 广州市地方品种,早熟。果实长圆筒形,长约 30 厘米,横径 5 厘米左右,外皮绿色,肉质较坚实,味甘苦,品质好,耐贮运。一般单瓜重 250～300 克。抗逆性强,较耐寒。

(六)夏丰 广东省农业科学院选育的一代杂种。植株生长势强,分枝中等,主蔓上第一雌花着生的节位较低,主侧蔓均可结瓜,且可以连续采收。果实长圆锥形,长约 21.5 厘米,横径 5～6 厘米,单果重 250～300 克,皮色浅绿,品质中等。早熟,耐热,抗病,耐湿性强。

(七)湛油 由广东省湛江市培育,中早熟品种。植株分枝力强,挂果性好。果实长圆锥形,果长约 27 厘米,横径 6～8 厘米,单果重 500 克左右。果实淡绿色有光泽,有整齐的纵沟条纹。耐热,耐贮运。

(八)北京白 中早熟品种。植株长势旺,分枝力强。果实长纺锤形,长 30～40 厘米,表皮有棱及不规则的瘤状突起。外皮白绿色,有光泽,果肉较厚,脆嫩,苦味适中,品质优良,一般单果重 250～300 克。耐热、耐寒,适应性强。

（九）穗新 1 号 广东省广州市蔬菜研究所育成,中早熟品种。植株长势旺,分枝力强。果实长圆形,长 16～25 厘米,横径 5～6 厘米。果皮深绿色,表皮瘤状突起成粗条状,肉厚,苦味中等,单果重 300～500 克。抗枯萎病、白粉病,适应性广。

三、茬口安排

现将华北地区大棚日光温室苦瓜栽培茬口安排（表 8）介绍如下,供各地参考。

表 8 大棚日光温室苦瓜栽培茬口安排 （华北地区）

栽培方式	播种期	定植期	收获期	主要品种
日光温室秋冬茬	7 月中下旬至 8 月上旬	8 月上中旬至 9 月上旬	10 月上旬至 12 月中下旬	湛油、长白
日光温室冬春茬	9 月中下旬至 10 月上旬	10 月下旬至 11 月上旬	12 月上中旬至翌年 6 月	槟城、北京白
日光温室春茬	12 月上中旬	翌年 1 月下旬至 2 月上中旬	3 月下旬至 7 月	槟城、云南大白
大棚秋延后	6 月中下旬	7 月上中旬	9 月上中旬至 11 上中旬	蓝山大白、长白
大棚春提前	1 月下旬至 2 月上旬	3 月中下旬	4 月下旬至 7 月	穗新 1 号、北京白

四、日光温室苦瓜冬春茬栽培技术

（一）品种选择 选择耐低温、耐弱光、抗病、丰产的品种,如槟城、长白、湛油、北京白等。

（二）育 苗

1. 播种日期 华北地区冬春茬苦瓜的播种期为 9 月中下旬至 10 月上旬。

2. 种子处理 苦瓜种子外壳较厚、质地坚硬,播种前须用

55℃～60℃温水烫种,并不停搅拌。当水温降至 30℃时,停止搅拌,浸种 10～12 小时。然后放在 30℃～35℃的温度环境下催芽。每天用温水冲洗 1 次,控净水后继续催芽。一般 3 天左右即可出芽。由于苦瓜种皮较厚、发芽不整齐,应分批将先发芽的种子挑出,用湿毛巾包好放在低温处(不低于 12℃)蹲芽,待大多数种子出芽后播种。每 667 平方米播种量为 0.6～0.75 千克。

3. **营养土配制**　一般用未种过蔬菜的大田土 6 份,充分腐熟的马粪、猪粪、麦糠 4 份,同时每立方米营养土加入充分腐熟的鸡粪 10 千克、草木灰 10 千克、过磷酸钙 1 千克。各种用料先过筛,然后混合均匀。

4. **播种**　采用营养钵育苗。播前先把营养钵内装入八成满的营养土,然后摆入苗床,并逐个浇水湿润营养土。将催出芽的种子平放在营养钵里,覆土厚 1.5 厘米。

5. **播后管理**

(1)温度　冬春茬苦瓜育苗在覆膜的日光温室内进行。播后要封闭温室,防止雨水冲刷,并在苗床上覆盖地膜,当秧苗出土后撤掉地膜。播后棚内气温白天保持在 30℃～35℃、夜间不低于 25℃。出苗后适当降低温度,白天 20℃～25℃,夜间 15℃～17℃。

(2)水肥　苗期缺水要适当补充。其给水原则是见干见湿,即表土稍干时浇水。为使幼苗健壮,苗期可喷施 0.3%磷酸二氢钾,每隔 7～10 天 1 次,连喷 2～3 次。定植前 7 天左右停止浇水,进行炼苗。

(3)光照　苦瓜幼苗 2 叶 1 心时为花芽分化关键时期,白天须保持 7～8 小时光照时间,促进雌花分化。其他时期尽量延长光照时间。

6. **壮苗标准**　日历苗龄 30～40 天,苗高 20 厘米,4 叶 1 心,子叶和第一对真叶完好无损,叶片厚实,颜色深绿,根系发达,根色洁白,无病虫害。

（三）定　植

1. 整地施肥　每 667 平方米施优质有机肥 5 000～7 500 千克、过磷酸钙 100 千克、饼肥 100 千克、硫酸钾复合肥 50 千克。先普施肥料的 1/3,深翻 30 厘米,耙平。然后按大行距 100 厘米、小行距 60 厘米开沟,沟中施入剩余的 2/3 肥料。粪土混匀后浇水造墒,水渗后在施肥沟上起垄,垄高 15～20 厘米。然后用 1 米宽的地膜覆盖 2 窄行。为保证地温,冬季在膜下灌水,可有效防止棚室湿度过大引发病害。

2. 定植期　华北地区一般在 10 月下旬至 11 月上旬,苗龄 30～40 天。

3. 定植方法、密度　在定植垄上按株距 30～35 厘米开穴。脱去营养钵带坨定植,每穴 1 株。栽时苗子不能太深,深度以没过土坨 1～2 厘米即可。栽后浇足定植水,待水渗下后用潮土将膜口封严。一般每 667 平方米保苗 2 500～2 800 株。

（四）定植后管理

1. 温度管理　定植后封闭温室,提高温度,促进生根缓苗,棚内气温白天最高可达到 35℃左右不通风,夜间保持在 17℃～20℃。缓苗后,开始通风,棚内气温白天 20℃～25℃,夜间 14℃～18℃,地温要保持在 14℃以上。进入开花结果期,棚内气温白天保持在 25℃～28℃,超过 28℃通风,低至 24℃关闭风口,达不到 25℃不通风;夜间保持在 13℃～17℃。如遇特别冷的天气或连阴天,可采取临时加温的办法补充热量。浇水后,为提高地温和迅速排湿,温度达到 30℃时再通风。

2. 肥水管理　定植完毕后在地膜下暗沟内浇定植水,缓苗后再浇 1 次缓苗水。此后要控水蹲苗,结果以前不再浇水,以提高地温、促进根系发展、促苗稳长快长。当第一个瓜长到 10 厘米左右长时开始追肥浇水,每 667 平方米随水施硝酸钾 20 千克、磷酸二铵 15 千克。严冬季节一般每 15 天左右浇 1 次水;到翌年 5～6 月份一般每隔 3～4 天浇 1 次水,隔 2 次水追 1 次肥。追肥每 667 平方米每次用硝酸铵 20～30 千克,同时中间追施 1 次氮磷钾三元复合肥 30～40 千克。

3. 搭架引蔓　当瓜蔓长到 30 厘米左右长、不能直立生长时要进行搭架。搭架材料既可以用竹竿,也可以用尼龙绳吊蔓,有利于通风透光。开始绑蔓时采取"S"形上升。

4. 植株调整　苦瓜以主蔓结瓜为主。为促进主蔓的生长,距地面 50 厘米以内的侧蔓全部抹除,上部的侧枝如生长过旺、过密,也应适当抹除。总之,要保证主蔓的生长,以发挥其结果优势。当主蔓长到架顶时摘心,同时在其下部选留 3～5 个侧枝培养,使其每个侧蔓再结 1～2 个瓜。主蔓不摘心的,则必须进行落蔓。也有的当主蔓长到 1 米长时摘心,留 2 条强壮的侧蔓结果,当蔓长到架顶时摘心,再在每条蔓上选留 1～2 个侧蔓培养结果。绑蔓时要掐去卷须和雄花,以减少养分消耗。同时注意调整蔓的位置和走向,及时剪去细弱或过密的衰老枝蔓,尽量减少相互遮荫。

5. 保花保果　苦瓜具有单性结实的能力,但为了提高坐果率,可于当天采摘盛开的雄花给雌花授粉。具体做法是:取雄花去掉花冠,将花药轻轻地涂抹在雌花的柱头上,1 朵雄花可用于 3 朵雌花的授粉。授粉不要伤及雌花柱头。

(五)采收　苦瓜以嫩瓜供食用,接近成熟时养分转化快,故应及时采收。采收标准为:在适宜的温度条件下开花后 12～15 天,果实的条状或瘤状的突起迅速膨大,果顶变为平滑且开始发亮,果皮的颜色由暗绿色转为鲜绿色,或由青白色转为乳白色时开始采收。苦瓜的果柄很长,长得牢固,用手不易撕摘,必须用剪刀从基部剪下。

五、大棚苦瓜春提前栽培技术

(一)品种选择　选择早熟丰产的品种,如穗新 1 号、长身、夏丰、北京白等。

（二）育　苗

1.播种期　华北地区播种一般在 1 月下旬至 2 月上旬。利用日光温室育苗，苗龄 45～55 天。

2.浸种催芽　方法与日光温室苦瓜冬春茬栽培相同。

3.播种　营养钵装入营养土摆入苗床，播前浇足底水。然后将催出芽的种子点播入营养钵内，覆土 1.5 厘米厚。整个苗床的营养钵播种完后，在上面覆 1 层地膜，再在整个苗床上扣小拱棚增温保湿。播种后尽量提高苗床温度促进出苗，一般温度控制在 30℃～35℃。

4.播后管理　参照日光温室苦瓜冬春茬栽培相关内容。

（三）提早扣棚，适期定植　在定植前 25 天左右扣棚烤地。当土壤解冻后深翻 30 厘米，促进地温升高。当棚内最低气温稳定在 8℃左右、10 厘米地温稳定在 12℃以上时即可定植。华北地区适宜定植期为 3 月中下旬。如在大棚内增设小拱棚，定植期可适当提前。

（四）加强管理，促进早熟，提高产量　定植前精细整地，施肥方法与日光温室苦瓜冬春茬栽培相同。但由于大棚温度、光照条件好，可适当密植，大行距 80 厘米，小行距 60 厘米，株距 30～33 厘米。定植方法与日光温室苦瓜冬春茬栽培相同。定植后加强保温，促进缓苗。在缓苗前若遇寒潮，可在大棚内扣小拱棚，大棚外四周用草苫围起保温，防止幼苗受冻。缓苗后可根据土壤水分状况浇 1 次缓苗水。当苦瓜节间急剧伸长时，及时插架，并引蔓上架。为防止架材倒伏，应用绳将架材固定在大棚骨架上，使架与棚成为一个整体。

当外界最低气温稳定在 13℃以上时，要昼夜通风。随着外界气温的升高和雨季的来临，要将棚膜四周的围裙撤掉，顶部的塑料薄膜卷到肩部，利用塑料薄膜进行遮荫、防雨栽培。

在定植水充足的情况下,一般在第一雌花开放以前不浇水,也不追肥。当雌花开放时浇 1 次水,浇水要选择晴天的上午进行,在暗沟内浇小水,水量不宜过大。当苦瓜坐住并长到蚕豆荚大小时开始追肥,每 667 平方米追施尿素 20～25 千克。开花结果初期,棚外气温尚低,浇水不宜过勤,水量不宜过大,一般暗沟内灌水即可满足需要。进入结果盛期,棚外气温已升高,应加大通风量。此时,植株的营养体蒸腾的水分较多,需水量大,浇水时除暗沟灌水外,明沟也要灌水。在高温期可每隔 4～6 天浇 1 次水,隔 2 次水追 1 次肥。

其他栽培措施与日光温室苦瓜冬春茬栽培相同。

六、病虫害防治

(一)苦瓜炭疽病

【症　状】　此病主要危害瓜条,亦危害叶片和茎蔓。幼苗染病多从子叶边缘侵染,形成半圆形凹陷斑。病斑由浅黄色变成红褐色,空气潮湿时产生粉红色黏稠物。幼茎染病呈水渍状,红褐色,凹陷或缢缩,最后倒折。叶片染病,叶斑较小,黄褐色至棕褐色,圆形或不规则形。蔓上病斑黄褐色,菱形或长条形,略下陷,有时龟裂。瓜条病斑不规则,初为水渍状,后显著凹陷,其上产生粉红色黏稠物,后期病斑转变成黑色粗糙不规则斑块。

【发病条件】　温度 20℃～27℃、空气相对湿度 80% 以上适宜发病。最适温度 24℃,最适空气相对湿度 95%。空气湿度对病害影响极大,空气相对湿度低于 54% 病害几乎不发生。

【防治方法】

(1)农业防治措施　采用地膜覆盖、膜下暗灌技术及棚室加强通风,尽量降低空气湿度,可有效控制病害的发生。

(2)药剂防治　发病初期用下列药剂喷雾防治:40% 氟硅唑乳油 8 000 倍液,或 10% 苯醚甲环唑水分散粒剂 1 500 倍液,或

25％咪鲜胺可湿性粉剂 1 500～2 000 倍液。每隔 7～10 天喷 1
次,连喷 2～3 次。

(二)蔓枯病

【症　状】　危害叶片、茎蔓和瓜条。叶上病斑较大,初为水渍
状小点,以后变成圆形至椭圆形斑,灰褐色至黄褐色,有轮纹,其上
产生黑色小点。茎蔓病斑多为不规则长条形,浅灰褐色,上生小黑
点,多引起茎蔓纵裂,易折断。空气潮湿时,形成流胶,有时病株茎
蔓上还形成茎瘤。瓜条受害初为水渍状小圆点,逐渐变成不规则
稍凹陷木栓化黄褐色斑,后期产生小黑点,染病瓜条组织变糟,易
开裂腐烂。

【发病条件】　平均温度 18℃～25℃、空气相对湿度高于 85％
以上容易发病。

【防治方法】

(1)农业防治措施　生长期加强管理,适当增施磷、钾肥,避免
田间积水,保护地加强通风,浇水后避免闷棚。

(2)药剂防治　发病初期用下列药剂喷雾防治:70％甲基硫
菌灵可湿性粉剂 600 倍液,或 80％代森锰锌可湿性粉剂 800 倍
液,或 75％百菌清可湿性粉剂 600 倍液。

(三)病毒病

【症　状】　危害全株,尤以顶部幼嫩茎蔓症状明显。早期植
株感病,叶片小、皱缩、节间缩短,全株明显矮化,不结瓜或结瓜少;
中期至后期植株染病,中上部叶片皱缩,叶片颜色浓淡不均,幼嫩
梢畸形,生长受阻,瓜小或扭曲。

【发病条件】　高温干旱有利于发病,蚜虫数量大发病严重。

【防治方法】　发病初期用下列药剂喷雾防治:20％吗胍·乙
酸铜 600 倍液,或 0.5％菇类蛋白多糖液剂 300 倍液,或 0.15％高
锰酸钾溶液。

(四)细菌性角斑病

【症　状】　该病主要危害叶片,对茎也有一定危害。叶部初发病时有针尖大小的水渍状斑点,斑点扩大时受叶脉限制呈多角形灰褐斑,湿度大时叶背面溢出乳白色黏液,干后呈一层白膜,病斑部位穿孔。

【发病条件】　在棚室内空气相对湿度 90%、温度 24℃～28℃时会引发该病。

【防治方法】　发病初期用下列药剂喷雾防治:3%中生菌素可湿性粉剂 800 倍液,或 47%春雷・王铜可湿性粉剂 800 倍液,或 20%噻森铜乳油 500 倍液。

第十五节　丝　瓜

丝瓜又名水瓜、布瓜、天罗等。为葫芦科一年生蔓生草本植物。丝瓜起源于亚洲热带地区,以嫩瓜供食用。每 100 克嫩果含水分 93～95 毫升、蛋白质 0.8～1.6 克、碳水化合物 2.9～4.5 克,还含有无机盐等。嫩果果实清脆甜嫩,营养丰富,含有人体所需的大量营养元素。它同时又是药用植物,性甘、平,略偏凉性,入药可清热化痰、凉血通瘀、解毒,久食可延年益寿。丝瓜性喜高温,耐热力强,不耐寒冷,露地栽培条件下,只能安排在夏、秋季生产。近年来,随着居民消费水平的提高,利用温室大棚种植丝瓜显示出良好的经济效益。

一、生物学特性

(一)植物学特征　根系发达,吸收能力强。茎蔓生,五棱,绿色,分枝力强。每节有分枝卷须。叶掌状或心脏形。雌雄异花同株,花冠黄色,雄花序总状,雌花序单生,子房下位。瓠果,短圆柱形至长圆柱形,有棱或无棱,表面有皱褶。种子椭圆形,扁平。普通丝瓜,种皮较薄,表面平滑,有翅状边缘,灰白色或黑色,千粒重90~100克;有棱丝瓜,种皮厚,表面有络纹,黑色,千粒重120~180克。

(二)对环境条件的要求

1. 温度 丝瓜原产于亚热带,性喜温暖而耐高温。种子发芽适温25℃~35℃,20℃以下发芽缓慢。茎叶生长和开花结果都需要较高的温度,20℃以上生长迅速,30℃仍能正常开花结果;15℃左右生长缓慢,10℃以下生长受阻甚至受害。

2. 日照 丝瓜属于短日照作物,短日照的天数越多,其发育越快。但品种间有差异。短日照处理在子叶展开时就有效。因此,如果作为冬春茬栽培,采取必要的加温和保温措施,适当早播种育苗是有利的。

3. 水肥和营养 丝瓜不仅耐高温,而且也耐高湿,在适宜的空气相对湿度和充足的土壤水分条件下,丝瓜往往枝叶繁茂,结瓜多,而且结瓜期也长。丝瓜对营养条件的要求比较高,土壤肥沃、富含有机质、充足的基肥、适时足量的追肥,对获取丝瓜高产是非常重要的。

二、品种选择

丝瓜的长度有长短之分,颜色有青、黄、白之分。从有棱无棱上来分,可分为无棱的普通丝瓜和有棱的有棱丝瓜。目前我国北方栽培的丝瓜品种多来自南方,主要有以下几个品种。

(一)白玉霜 湖北武汉地方品种。植株生长健壮,分枝力强,第一雌花着生在第十至第十二节上,侧蔓第一、二节着生雌花。果实长圆柱形,瓜长约60厘米,横径4~5厘米。瓜皮淡绿色,中部密布白色霜样皱纹,两头皮质粗硬,具纵纹,肉乳白色,单瓜重500克左右。瓜质柔嫩,品质上乘。耐热、耐涝、耐老,但耐旱力较差,每667平方米产量可达5 000千克左右。可作为日光温室秋冬茬或冬春茬栽培用种。

（二）肉丝瓜 湖南地方品种，当地栽培比较普遍。茎蔓生，分枝力强，主蔓第八至第十二节着生第一雌花。瓜圆筒形，长约35厘米，横径约7厘米。花痕较大且突出，头尾略粗。外皮绿色，粗糙，被有蜡粉，有10条深绿色纵向条纹。单瓜重250～500克。肉质肥嫩，纤维少，品质优良。晚熟，耐肥、耐涝，但不耐旱，适应性强。在日光温室里可作为秋冬茬栽培，冬春茬栽培时需提早播种育苗。也可以作为日光温室夏季休闲期利用的栽培用种。

（三）蛇形丝瓜 植株生长势强，主蔓第七、八节着生第一雌花，此后连续着生雌花。瓜长棒状，长130～170厘米，横径3～5厘米，似蛇瓜样。外皮绿色，肉质柔嫩，纤维少，品质优良。可试作日光温室的栽培用种。

（四）棒丝瓜 北京地方品种。植株蔓生，长势强。叶为掌状裂叶。花单生。瓜棍棒状，尾部略粗，长33～37厘米，横径3～3.6厘米，外皮绿色，有10条绿色线状凸起，多绒毛。肉厚0.5～0.6厘米，白色，肉质细软，品质中等。单瓜重150克左右，每667平方米产量可达1 500～2 000千克。该品种耐热性强，不耐寒，较耐湿，可作为日光温室秋冬茬栽培用种。

三、茬口安排

丝瓜应采用高效节能日光温室进行秋冬茬栽培，8月上中旬育苗，苗龄25～30天；9月上中旬定植；10月下旬开始采收，至翌年1月初结束。日光温室冬春茬栽培时，一般11月中下旬播种育苗，苗龄40～45天，当秧苗4叶1心时，于翌年1月中下旬定植。大棚丝瓜春提前栽培，1月下旬至2月上旬播种育苗，3月中下旬至4月中旬定植。

四、日光温室丝瓜栽培技术

（一）播种育苗 适宜的育苗时间一般在10月中下旬，每667

平方米用种量 0.3~0.4 千克。播种前苗床施足基肥,浸种催芽后播种。苗期温室内气温保持在白天 30℃、夜间 20℃,并保持床土湿润。

(二)定植　定植前,将温室内土壤深耕晒垡,耕翻 20 厘米以上,每 667 平方米施优质有机肥 3 000 千克以上。当幼苗 2~3 片真叶时定植。种植方式有大小行种植和等行距种植 2 种。大小行距种植时大行距 80 厘米,小行距 40 厘米;等行距种植时行距 60厘米。株距都掌握在 30 厘米。每 667 平方米种植 3 500 株。

(三)定植后的管理

1. 温度管理　定植后封闭温室,提高温度和湿度,促进缓苗。温室内气温白天保持在 20℃~30℃、夜间 17℃~20℃。缓苗后,开始通风,温室内气温白天 20℃~25℃、夜间 14℃~18℃,地温要保持在 14℃ 以上。进入开花结果期,温室内气温白天保持在25℃~28℃,超过 28℃ 通风,低至 24℃ 关闭风口,达不到 25℃ 不通风;夜间保持在 13℃~17℃。如遇特别寒冷的天气或连阴天,可采取临时加温的办法补充温度。浇水后,为提高地温和迅速排湿,温室内气温达到 30℃ 时再通风。

2. 肥水管理　定植完毕后在地膜下暗沟内浇定植水,缓苗后再浇 1 次缓苗水。尔后控水蹲苗,结果以前不再浇水,以提高地温,促进根系发展,促苗稳长快长。当第一个瓜长到 10 厘米左右长时开始追肥浇水,每 667 平方米随水施硝酸钾 20 千克、磷酸二铵 15 千克。严冬季节一般每隔 15 天左右浇 1 次水;到翌年 5~6月份,一般每隔 3~4 天浇 1 次水,隔 2 次水追 1 次肥。追肥每 667平方米每次用硝酸铵 20~30 千克,同时中间追施 1 次氮磷钾三元复合肥 30~40 千克。

3. 植株调整　当瓜蔓长到 30~60 厘米长时要及时搭架。一般多采用棚架形式,搭架后开始人工引蔓。结果前不留侧蔓,结果后选留强壮、早生雌花的侧蔓。结果盛期,要摘除老叶、卷须、大部分雄花蕾和畸形果,以利于通风透光和养分集中,促进果实肥大。

4. 人工授粉　为提高坐果率,可于当天采摘盛开的雄花给雌花授粉。具体做法是:取雄花去掉花冠,将花药轻轻地涂抹在雌花柱头上,1朵雄花可用于3朵雌花的授粉。注意授粉时不要伤及雌花柱头。

(四)采收　丝瓜以嫩瓜供食用,接近成熟时养分转化快,故应及时采收。采收标准为:在适宜的温度条件下开花后10～14天、果实充分长大且比较脆嫩时采收。一般在清晨采收。由于丝瓜的果柄很长,长得牢固,用手不易撕摘,必须用剪刀从基部剪下,整理包装上市。

五、病虫害防治

请参照其他蔬菜病虫害防治内容进行。

(一)病害　主要有褐斑病、炭疽病、蔓枯病、疫病等真菌性病害和病毒病。真菌性病害可以通过轮作以及用代森锰锌、百菌清、苯醚甲环唑、丙森锌等杀菌剂进行防治。病毒病可以通过加强栽培管理,及时消灭蚜虫,以消灭传毒媒介的方法并配合喷洒吗胍·乙酸铜、高锰酸钾等药液进行防治。

(二)虫害　主要有地老虎、瓜蚜、黄守瓜(蝗虫)等。可与芹菜、莴苣等作物轮作,并配用吡虫啉、甲氨基阿维菌素苯甲酸盐等药液毒杀幼虫。

第十六节　球茎茴香

球茎茴香又称结球茴香、甜茴香、意大利茴香。属伞形科茴香属的一个变种,为一、二年生草本植物。原产意大利南部,现主要分布和栽培在地中海沿岸地区。球茎茴香营养丰富,每100克鲜食部分含有蛋白质1.1克、脂肪0.4克、碳水化合物3.2克、纤维素 0.3 克、维生素 C 12.4 克、钾 654.8 毫克、钙 70.7 克。此外茎叶中还含有 90 毫克/千克的茴香脑,有健胃、促进食欲、祛风邪等食疗作用。球茎茴香以长扁球形的脆嫩鳞茎及嫩叶供食,肥大的叶鞘主要用于炒食,嫩叶用于做馅。无论哪种食用方法均有一种特殊的味道。果实可作为香料及药用,有温肝胃、暖胃气、散寒结的作用。其茎叶中含有人体所需的氨基酸、维生素、胡萝卜素和钙质。近年来,随着各大宾馆、饭店需求量的增大,越来越受人们的欢迎。

一、生物学特性

(一)植物学特征

1. 根 球茎茴香为浅根性蔬菜,根为须根。根的分布范围比普通茴香的根稍深,根群分布在土壤 7～10 厘米处,横向分布范围 20 厘米左右。

2. 茎 茎为长扁球形的嫩鳞茎,其实是肥大的叶鞘,高度约 10 厘米,宽和高基本相等,厚度为 3～5 厘米。

3. 叶 叶片为 2～4 回羽状复叶,叶片深裂,裂片丝状,光滑。

4. 花、果实和种子 复伞形花序,花瓣 5 个,金黄色,子房下位。双悬果,长椭圆形,各室中有种子 1 粒,灰白色。

(二)对环境条件的要求

1. 温度 球茎茴香喜冷凉气候,但对气候的适应性广泛,耐寒耐热能力均强。苗期耐 -4℃ 低温;但在叶球形成期不耐冷冻,-1℃ 以下就易受寒害。种子发芽适宜温度为 16℃～23℃。生长适温为 15℃～20℃,超过 28℃ 时则生长不良。

2. 光照 球茎茴香对光照要求不严格,通过春化阶段后在长日照和较高的温度条件下抽薹开花。营养生长阶段充足的光照有利于生长。

3. 湿度 球茎茴香后期的叶面积大,加上根系浅、吸收能力弱,所以需要湿润的土壤和较高的空气相对湿度条件。特别是到营养生长盛期,更需要充足的水分,否则生长停滞,肥大的叶鞘中机械组织发达,品质、产量均下降。因此要保证不同时期水分的供应。要求空气相对湿度以 60%～70%为宜,土壤最大持水量以80%为宜。

4. 土壤营养　球茎茴香对土壤要求不太严格,但喜欢肥沃、疏松、保水保肥、通透性好的土壤,土壤酸碱度以中性壤土或黏壤土为佳,土壤 pH 值适宜范围为 5～7,需要较多的有机肥、氮肥,生长初期和后期缺氮对植株影响大。

二、品种选择

根据球茎的形状可将球茎茴香分为以下 2 种类型。

(一)扁球形类型　植株生长旺盛,叶色绿。叶鞘基部膨大呈扁球形,淡绿色,外层叶鞘较直立,左右两侧短缩膨大明显,外部叶鞘不贴地面。单球重 250～500 克。

(二)圆球形类型　株高、叶的形状、叶色与扁球形类型差别不大,但球茎比扁球形类型更紧实,颜色略淡于扁球形类型。外形似拳头,叶鞘短缩明显,抱合紧,不仅向左右两侧膨大,前后也有明显的膨大。但外层叶鞘常常贴近地面,这点却正是圆球形类型的一个缺点,如遇低温高湿天气,极易发生菌核病。单球重 250～1 000克。

球茎茴香作为一种新型蔬菜,目前我国栽培的品种较少。由北京特种蔬菜种苗公司从荷兰引进的球茎茴香,该品种株高约 70厘米,开展度约 50 厘米。叶片长约 50 厘米,羽状复叶,小叶深裂呈丝状,绿白色。基部叶鞘抱合膨大为球茎,球茎着生在短缩茎上,扁球形,绿白色,品质嫩,风味清香。单球重 500 克左右。从定植到采收球茎需 65～75 天,每 667 平方米产量可达 2 000 千克。

三、茬口安排

现将华北地区大棚日光温室球茎茴香栽培茬口安排(表9)介绍如下,供各地参考。

表9　大棚日光温室球茎茴香栽培茬口安排　(华北地区)

栽培方式	播种期	定植期	收获期
大棚秋延后	7月上中旬	8月中下旬	11月上中旬
大棚春提前	1月中下旬	3月上中旬	5月中下旬
日光温室	7月下旬至 翌年1月上旬	9月上旬至 翌年2月下旬	11月下旬至 翌年5月中旬

四、日光温室球茎茴香栽培技术

(一)育　　苗

1. **种子处理**　选择饱满均匀的种子,在温暖阳光下晾晒后备用。播种前将种子搓一搓,用20℃左右的清水浸泡20～24小时,放在20℃～22℃温度环境中催芽,每天用水冲洗种子1次,6天左右可出芽。

2. **苗床准备**　每平方米苗床施用细碎有机肥5千克、磷酸二氢钾50克。肥料与土混匀,将苗床整平。也可采用营养钵育苗或穴盘无土育苗。

3. **播种**　播种前苗床浇透水,然后在苗床上以行距6～10厘米、株距4～8厘米将种子播入,上面覆盖配制的过筛营养土,厚度以0.5～1厘米为宜。

4. **播后管理**

(1)温度　播种后至出苗前,苗床温度掌握在20℃～23℃。深冬季节可扣小拱棚保温保湿,秋季可用遮阳网遮荫降温。出苗后适当降低温度,保持在15℃～20℃。

（2）湿度　根据苗床情况酌情浇水，若过干，则宜小水慢浇，苗床宜保持湿润状态。在温度高的情况下，浇水过多易徒长，可适当控水，以利于培育壮苗。

（3）壮苗标准　苗龄一般 40～50 天，苗子有 5～6 片真叶，叶片厚实，根系发达，无病虫害。

（二）定　植

1. 施肥整地　定植前每 667 平方米施腐熟有机肥 3 000 千克左右、过磷酸钙 70 千克左右。深翻耕耙后做畦，畦宽 1.2～1.5 米。畦内做 2～3 个小高畦，畦高 10 厘米；也可以做平畦。

2. 定植方法　定植前 1 天，苗床内浇透水，以利于起苗。按行距 50 厘米、株距 20～25 厘米定植，每 667 平方米 5 000～6 000 株。定植时小苗带土，挖穴后将土坨埋入，然后浇透水。

（三）田间管理

1. 温度管理　定植后缓苗前密闭温室不通风，温室内气温控制在 20℃～30℃。缓苗后温度掌握在白天 18℃～20℃、夜间 10℃～13℃。

2. 中耕除草　球茎茴香属浅根性蔬菜，因此在中耕除草时要注意浅锄，以免碰伤根部；土壤疏松不板结的情况下不必锄草，可人工拔草。在叶鞘肥大期最好结合培土进行最后 1 次中耕。后期植株较大，封垄后停止中耕。

3. 水肥管理　幼苗成活后，生长初期生长缓慢，需水量不大，应在适当浇水后进行浅中耕，保持田间土壤湿润状态，使表土稍干燥，也就是上干下湿。

当株高 25 厘米时，球茎茴香开始进入生长旺盛期，此时追肥浇水 1 次，每 667 平方米随水追施尿素 15 千克。随后进入叶鞘肥大盛期，浇水追肥 1 次，每 667 平方米追施氮磷钾三元复合肥 20 千克，促进植株的生长和球茎的膨大。

（四）采收　球茎茴香球茎重达 250 克以上时即可陆续采收。

采收时将整株拔出,用刀将球茎的根削去,将上部细叶柄连同老叶也一同削去,只留球茎。

五、病虫害防治

(一)根 腐 病

【症 状】 主要侵染根系。发病初期根尖或幼根呈褐色水渍状,以后变成黑褐色坏死病斑,逐渐发展使主根呈锈黄色至锈褐色坏死病斑,最后仅剩纤维状维管束,病株极易从土中拔起。空气潮湿在根茎表面产生白色霉层,即病菌分生孢子。发病植株随病害发展叶片由外向里逐渐变黄坏死,最后全株枯死。

【发病条件】 土壤温度低、湿度大有利于发病。

【防治方法】 施用充分腐熟的有机肥,减少伤根。浇小水,并注意浇水后及时浅中耕。发病初期用下列药剂灌根防治:70%噁霉灵可湿性粉剂 1 500～2 000 倍液,或 14%络氨铜水剂 200～250倍液。每株灌药液 150～250 毫升。

(二)球茎茴香白粉病

【症 状】 此病可危害植株地上所有部位。发病初期在植株表面出现少量白色粉状斑点,以后斑点逐渐扩大,表面产生大量白色粉末状物,即病菌分生孢子梗和分生孢子。病菌相互融合,使植株表面覆盖 1 层厚厚的白粉。随病害的发展,植株组织开始褪色,以后坏死枯萎。

【发病条件】 温暖潮湿有利于发病。田间植株荫蔽、昼夜温差大、结露时间长,发病较重。

【防治方法】 发病初期可用下列药剂喷雾防治:10%苯醚甲环唑水分散粒剂 1 500～2 000 倍液,或 40%氟硅唑乳油 8 000 倍液,或 15%三唑酮可湿性粉剂 1 000～1 500 倍液。也可用 45%百菌清烟剂进行熏治,每 667 平方米用药量 250～400 克。

（三）灰霉病

【症　状】　主要危害叶片和叶柄,有时也可危害球茎。多从衰老、坏死或结露的叶片或叶柄开始侵染,引起枝叶坏死腐烂,在病组织表面产生灰色霉层,即病菌分生孢子梗和分生孢子。球茎染病初呈水渍状灰绿色至灰褐色坏死,以后软化腐烂,在病部表面产生灰色霉层。

【发病条件】　病菌适温为 22℃～31℃,最适温度为 23℃。保护地气温 20℃左右、连续空气相对湿度 90％以上时易发病。

【防治方法】　发病初期可选用下列药剂喷雾防治:40％嘧霉胺可湿性粉剂 600～800 倍液,或 50％腐霉利可湿性粉剂 1 000 倍液。喷药后注意通风降湿,并适当控制浇水。

（四）菌核病

【症　状】　此病主要危害球茎,发病重时叶柄也受害。球茎和叶柄染病后,初期呈暗绿色至灰褐色水渍状,迅速扩展腐烂,病部转变成黄褐色至暗褐色,其表面长出较浓密的絮状菌丝团,以后转变成黑色鼠粪状菌核,随病害发展病株外叶萎蔫下垂,很快全株萎蔫死亡。

【发病条件】　菌核形成和萌发适宜温度分别为 20℃和 10℃左右,并要求土壤湿润。空气相对湿度达 85％以上时,病害发生重;空气相对湿度在 65％以下,则病害轻或不发病。

【防治方法】　发病初期,清除病株病叶。可选用下列药剂喷雾防治:40％嘧霉胺可湿性粉剂 600～800 倍液,或 50％腐霉利可湿性粉剂 1 000 倍液,或 40％菌核净可湿性粉剂 1 200 倍液。重点喷布茎基和基部叶片。

（五）蚜虫　可用下列药剂喷雾防治:3％啶虫脒乳油 1 200 倍液,或 10％吡虫啉可湿性粉剂 1 500 倍液,或 2.5％溴氰菊酯乳油 2 000～3 000 倍液。

第十七节 蕹 菜

蕹菜又叫空心菜、藤藤菜,是原产我国热带多雨地区的一种蔓性水生蔬菜。以嫩梢、嫩叶供食用。蕹菜的营养价值较高,每100克鲜菜含水分85～92毫升、蛋白质1.9～3.2克、碳水化合物3～7.4克和多种维生素。此外,还含有人体所需的8种氨基酸。蕹菜性寒味甘,有清暑祛热、凉血利尿、解毒和促进食欲之功效。其食用方法多样,可炒食、做汤,也可用开水烫后凉拌。近年来蕹菜由南方逐渐推及至北方,已开始受到广大群众的喜爱。

一、生物学特性

(一)植物学特征 蕹菜为旋花科一年生或多年生草本植物。根系比较发达,为须根系。茎蔓生、柔软、中空。圆叶绿色或浅绿色,也有呈紫色的品种。茎蔓分节,节能生根,从茎节的叶腋中还可抽出侧枝。单叶互生,叶柄较长。叶长卵圆形,基部心脏形,有的品种短披针形或披针形。叶全缘,平整光滑。大叶长约15厘米,宽6～7厘米。花自叶腋生出,形如漏斗,白色、淡紫色或水红色。蒴果卵形,果皮厚、坚硬,内含种子2～4粒。种子初期青绿色,最后变为白色、褐色或黑色,千粒重32～37克。有些品种不能开花结实,只能靠无性繁殖。

(二)对环境条件的要求

1.温度 蕹菜喜温暖湿润的气候,属耐热性蔬菜。种子发芽起点温度为15℃,10℃以下不能发芽。生长期适宜的最高温度为35℃,最低温度为18℃,最适温度为30℃～35℃,在35℃～40℃高温下也能正常生长。当温度降到15℃以下时生长缓慢,顶芽停止生长。气温降到10℃以下时茎节间腋芽进入休眠状态。蕹菜生长需要适宜的平均气温为21℃以上。蕹菜耐高温,不耐寒,遇霜即冻死。

2. 光照　蕹菜属短日照植物,在短日照下才能开花结实。北方地区的自然条件由于日照时间长,蕹菜一般不易开花结果。不同品种对光照的反应也不一样。旱蕹菜适应范围较广,如能改善光照条件,比如在定时遮光或温室盖苫条件下,蕹菜也能开花;水蕹菜对光照要求较严,采种较为困难,生产上多行无性繁殖。

3. 水分　蕹菜根群分布浅,叶片蒸腾大,耗水量大,因此栽培中要求较高的土壤水分。蕹菜要求的空气相对湿度为 $85\%\sim95\%$。

4. 土壤营养　蕹菜可连作,喜欢富含有机质的肥沃土壤。蕹菜的叶梢生长量大且生长迅速,所以对肥料要求较高,需肥量大,耐肥力强,尤其对氮肥的需要量大。

二、品种选择

蕹菜依其结籽与否分为籽蕹与藤蕹。

(一)籽蕹　用种子繁殖,耐旱力较藤蕹强,一般栽于旱地,但也可水生。籽蕹又可分为以下几个品种。

1. 白花籽蕹　茎秆绿白色,叶长卵圆形,基部心脏形,花白色。适应性强,质地脆嫩,产量高,栽培面积广,全国各地均有栽培。如杭州的白花籽蕹、广州的大骨青、北京蕹菜大鸡白、大鸡黄、白壳、剑叶等品种。以水生为主,也可旱植。其中大骨青为早熟品种,大鸡白为高产品种。

2. 紫花籽蕹　茎秆、叶背、叶脉、叶柄、花萼等带紫色,花呈淡紫色。栽培面积较小,广西宜山及湖南、湖北等地有栽培。

(二)藤蕹　用茎蔓繁殖,一般很少开花,更难结籽。质地柔嫩,品质较籽蕹佳,生长期更长,产量更高。虽可在旱地栽培,但一般利用水田或沼泽栽培。主要品种有广州的细通菜和丝蕹、湖南的藤蕹、江西吉安大叶蕹菜。

目前大棚日光温室栽培多为籽蕹早植。

三、茬口安排

蕹菜是热带蔬菜,发芽和生长期要求温度高。在北方露地条件下,晚霜过后就可播种,早霜来前停止生长。其间是蕹菜的供应期。塑料大棚主要用于春提前和秋延后栽培。秋季延后栽培,可以把大棚地块夏季不加防护下栽培的蕹菜,在外界日平均气温降到 20℃左右(大约在早霜前的 40 天)时,开始扣膜保护,继续采取割收的办法,直到霜后 1 个月结束。大棚春提前栽培,蕹菜的播种育苗期一般在当地晚霜前 65 天左右(华北地区为 2 月中下旬),定植期一般在当地晚霜前的 35 天左右(苗龄 30 天左右)。在高效节能日光温室里,除在 12 月下旬至翌年 1 月份播种须慎重外,其余时间一般都可播种。

四、日光温室蕹菜早春茬栽培技术

蕹菜可育苗移栽,也可直播。育苗移栽和直播的初期生产过程是一样的。

(一)播种育苗

1. 苗床准备　育苗畦按每平方米用过筛腐熟的有机肥 20 千克、磷酸二铵 50 克施足基肥,撒匀、浅翻、搂平,浇足底水。

2. 播种期　华北地区日光温室早春茬一般在 2 月上旬即可播种。

3. 浸种催芽　种子用 30℃左右的温水浸泡 12 小时,捞出控净多余水分,在 30℃温度环境下催芽。每天用 25℃~30℃温水冲洗 2 遍,控去多余水分继续催芽。2 天出芽,3 天可齐芽。

4. 播种　可穴播也可撒播。播前最好先浸种催芽。穴播时,按行距 35 厘米左右、穴距 15~18 厘米进行,每穴点种 3~5 粒,每 667 平方米用种量 2.5~3 千克。撒播时每 667 平方米用种量 10

千克。若育苗兼间拔上市,采取撒播方式,每 667 平方米用种量 2 千克,需苗床 50～60 平方米。穴播或撒播后,覆土厚 1 厘米左右。

5. 播后管理 播后要尽量提高日光温室内的温度,白天保持 30℃～35℃,夜间 15℃以上。注意保墒。播后 5～7 天可出苗。苗高 3 厘米左右开始加强肥水管理,可顺水冲入尿素等化肥,保持土壤湿润和养分充足,切忌土壤干旱。温室内气温保持白天 25℃～30℃。播后 30～40 天、苗高 20～23 厘米就可间拔上市或采收上市。

为了加速茎叶生长,生长期间可喷施 20 毫克/升赤霉酸,或 0.01%芸薹素内酯水剂 10 毫升对水 30 升,每隔 7～10 天喷 1 次,连喷 2～3 次。

（二）定 植

1. 施肥整地 选择通透性好的沙质壤土,每 667 平方米施入优质有机肥 4 000 千克,磷、氮肥适量。耕翻耙细后做畦,畦宽 1～1.2 米。

2. 定植方法 育苗移栽的播后 30 天左右、苗高 17～20 厘米时,即可按 35 厘米×35 厘米的行株距定植,每穴栽 3～4 株;或株距 18 厘米,每穴栽 2 株。

（三）田间管理

1. 温度管理 蕹菜生产应尽可能保持较高的温度,一般棚室温度不超过 35℃不通风。当温度超过 40℃时,中午前后可适当通风,夜间最低气温保持在 15℃以上。为促进蕹菜生长,低温期可在日光温室内增设小拱棚增温。

2. 肥水管理 定植后加强肥水管理。施肥宜以速效氮肥为主,但用量不宜大,一般每 667 平方米每次施尿素 10 千克左右。定植后 30 天左右、株高 33 厘米左右即可开始采收。以后每隔 7～10 天采收 1 次,每次采收后都要加强肥水管理。追肥以氮肥为主,每 667 平方米每次施尿素 10 千克。同时保持土壤湿润,促进新梢发生和生长。

(四)采收 属于间拔上市的,连根拔起,剪去根部后整理成捆。定苗或定植后,一般多采取掐收的办法:初次采收时株高33厘米左右,要在下面留9～12厘米采收其上嫩梢;以后自叶腋长有新梢,当新梢长15厘米时又开始进行下一轮采收。但头2～3次采收时,植株下部要留2～3片叶,以促进发更多的新梢,保证丰产;以后植株下部要留1～2片叶采收,以防发生新梢过多,生长衰弱,影响产量和品质。生长期间还要及时从植株基部疏去过多过密的枝条,以达到更新和保持合理群体的目的。直播后一次采收的,每667平方米产量可达1000～1500千克;多次采收的,每667平方米产量可达5000千克以上。

五、病虫害防治

(一)白锈病

【症 状】 病斑生在叶两面。叶正面初现淡黄绿色至黄色斑点,后渐变褐色,病斑较大;叶背生白色隆起状疱斑,近圆形或椭圆形至不规则形,有时愈合成较大的疱斑,后期疱斑破裂散出白色孢子囊。叶片受害严重时病斑密集,病叶畸形,叶片脱落。茎受害肿胀畸形,直径增粗1～2倍。

【发病条件】 真菌侵染。病原菌在土中或种子上成为初侵染源,靠风力传播蔓延。高温高湿、有水膜时病孢子才能侵入。发病适温为25℃～30℃。

【防治方法】

(1)种子处理 用相当于种子重量0.3%的72%霜脲·锰锌可湿性粉剂拌种。

(2)药剂防治 发病时,可用下列药剂喷雾防治:58%甲霜·锰锌400～500倍液,或25%甲霜灵可湿性粉剂800倍液,或64%噁霜·锰锌可湿性粉剂500倍液。每隔7～10天喷1次,共喷

2～3 次。

（二）轮斑病

【症　状】　主要危害叶片。病叶初生褐色小斑点,扩大后呈圆形、椭圆形或不规则形,红褐色或浅褐色,病斑较大,有时多个病斑愈合成大斑块,具明显同心轮纹,后期轮纹斑上现稀疏小黑点,即分生孢子器。

【发病条件】　属真菌侵染,随病残体传播蔓延。蕹菜生长期多阴雨、植株生长郁蔽发病严重。

【防治方法】

(1)清洁园地　清除地上部枯叶及病残体,拿出棚外深埋,防止病害传播蔓延。

(2)药剂防治　发病初期用下列药剂喷雾防治:75%百菌清可湿性粉剂 600～700 倍液,或 58%甲霜·锰锌可湿性粉剂 500 倍液。每隔 7～10 天喷 1 次,连喷 2～3 次。

第十八节　茼　蒿

茼蒿别名蓬蒿、春菊、蒿子秆。菊科菊属中以嫩茎叶供食用的栽培种,一、二年生草本植物。炒食、凉拌、做汤均宜,别具风味。近年来茼蒿多用作涮火锅的辅料,用量逐年增大。茼蒿生长期短,播后 40～50 天即可始收。适应性强,很少遭受病虫危害,栽培容易。在日光温室里可作为主栽作物的前后茬,或间作套作插空栽培。

一、生物学特性

（一）植物学特征

1. 根　属直根系,主侧根分明,但不发达,分布较浅,多在 10～12 厘米土层中。

2. 茎 茎肥壮,圆形。叶基部呈耳状抱茎,具 2～3 回羽状深裂,有不明显的白茸毛。叶厚,多肉而脆,全缘或具齿状缺刻。

3. 种子 种子小而稍长,褐色,千粒重 2.14 克。种子寿命 2～3 年,使用年限 1～2 年。

(二)对环境条件的要求

1. 温度 茼蒿属于半耐寒蔬菜,喜冷凉温和的气候,怕炎热。种子在温度 10℃ 即可正常发芽,生长适温为 17℃～20℃。温度 29℃ 以上明显生长不良,叶小而少,质地粗老。能够耐受短期 10℃ 左右的低温。

2. 光照 茼蒿对光照要求不很严格,较能耐弱光。茼蒿是长日照植物,高温长日照可引起抽薹开花。在日光温室冬、春季栽培时,一般不易发生抽薹现象。

3. 水分 茼蒿属浅根性蔬菜,生长速度快,单株营养面积小,要求充足的水分供应。土壤须经常保持湿润,以土壤湿度 70%～80%、空气相对湿度 85%～95% 为宜。水分少会使茼蒿茎叶硬化,品质粗劣。

4. 土壤营养 对土壤要求不很严格,肥沃的壤土、pH 值 5.5～6.8 最适宜茼蒿生长。由于生长期短,且以茎叶为商品,故应适时追施速效氮肥。

二、品种选择

茼蒿分大叶种和小叶种 2 大类型。

(一)大叶种 又叫板叶茼蒿、宽叶茼蒿。叶大呈匙状,缺刻少而浅。叶肉较厚,嫩茎短粗,香味浓重,质地柔嫩,以食叶为主。但耐寒性差,比较耐热,生长较慢,产量较高。主要在南方栽培。

(二)小叶茼蒿 又叫花叶茼蒿、细叶茼蒿。叶片为羽状深裂,叶形细碎,叶肉较薄且质地较硬。嫩茎及叶均可食用,但品质不及大叶茼蒿。抗寒性强,生长期短,香味甚浓,为北方主栽类型。主要品种有北京的蒿子秆。

三、茬口安排

茼蒿较耐寒,高效节能日光温室的播期不甚严格,主要考虑因素是市场行情,如在 11 月上中旬至 12 月中旬播种,上市期在元旦、春节,较容易取得良好的经济效益。在日光温室果菜栽培的初期也可间套种茼蒿。大棚茼蒿的栽培也应该根据市场来确定播期,一般在大棚果菜收获前,利用多层覆盖,可抢种一茬茼蒿,播期为 1 月下旬至 2 月上旬,上市期为 3 月中下旬。采收后可定植果菜类蔬菜。

四、日光温室茼蒿栽培技术

(一)施肥整地　播种前每 667 平方米施腐熟有机肥 3 000～5 000 千克、过磷酸钙 50～70 千克、碳酸氢铵 50 千克左右。普施地面,深翻耕耙后,搂平做畦,畦宽 1～1.5 米,畦内再搂平并轻踩 1 遍,以防浇水后畦面下陷。

(二)播种　无论是干籽播种还是催芽播种,都可以分为撒播和条播。条播时,在畦内按照 15～20 厘米开沟,沟深 1 厘米。在沟内用壶浇水,水渗后在沟内撒籽,然后覆土。撒播时,先隔畦在畦面取土 0.5～1 厘米厚置于相邻畦内,把畦面搂平,浇透水。水渗后即可撒播种子,再用取出的土均匀撒布覆盖。盖土后,再取出相邻待播畦内表土,准备下一轮播种。

(三)播后管理

1.水肥管理　播后要保持地面湿润,以利于出苗。苗高 3 厘米时浇头遍水。全生育期浇 2～3 次水。苗高 9～12 厘米时追第一次肥,每 667 平方米随水冲施硝酸铵 10～15 千克,共追肥 2 次。

2.温度管理　播种后温度可稍高,温室内气温晴天白天 20℃～25℃、夜间 10℃,经 4～5 天或 6～7 天(干籽播)可出苗。

出苗后温室内气温控制在白天 15℃～20℃、夜间 8℃～10℃。一定要防止高温伤害。

3. 间苗　植株长有 1～2 片真叶时开始间苗。撒播时,苗距以 4 厘米见方为宜;条播时,须疏间过密的苗子。

（四）采收　茼蒿采收有 2 种方式。①一次性采收。是在播后 40～50 天,苗高 20 厘米左右时贴地面割收,一次性收完。②分期采收。有 2 种方法:一是疏间采收,二是保留 1～2 个侧枝割收。每次采收后浇水追肥 1 次,促进侧枝萌发生长,隔 20～30 天后可再收割 1 次。2 次采收产量为每 667 平方米 1 000～1 500 千克。

五、病害防治

（一）叶枯病

【症　状】　本病只侵染叶片。病斑呈圆形或不规则形,中央淡灰色,边缘褐色。湿度大时正、背面均现黑霉状物。后期病斑连片,致使叶片枯死。

【发病条件】　病原菌在病叶上残存。湿度大、叶面结露本病易发生。病原菌靠气流传播。

【防治措施】　发病初期用下列药剂喷雾防治:20％噻森铜悬浮剂 500 倍液,或 70％甲基硫菌灵可湿性粉剂 800 倍液,或 50％异菌脲可湿性粉剂 1 500 倍液。每隔 5～7 天喷 1 次,连喷 2～3 次。

（二）霜霉病、病毒病　茼蒿还易受霜霉病和病毒病的侵染,症状及发病条件与其他蔬菜类似,防治措施请参照其他蔬菜霜霉病和病毒病的防治方法进行。

第十九节　黄 秋 葵

黄秋葵又名秋葵、羊角豆。是锦葵科秋葵属的一年生或多年生草本植物。目前,栽培黄秋葵较多的国家有美国、印度、埃及等。我国引入黄秋葵的历史较短,目前只有小面积栽培。黄秋葵以嫩果供食用,它含有较多的蛋白质、维生素及无机盐。此外还含有一种特有的黏状物质,即果胶、半乳糖、阿拉伯树胶等的混合物。黄秋葵嫩果中无机盐及维生素 B_1、维生素 C 的含量均高于菜豆。它的嫩果适用于多种烹饪,在西餐中是做辣椒油、菜汁的良好原料,也可做汤或炖食,用黄油炒食或做色拉用别有风味。黄秋葵的种子是咖啡良好的代用品。花朵具有较高的观赏价值,可作切花用。

一、生物学特性

黄秋葵的根为直根系,主根比较发达。茎直立,木质化程度较高,株高 50~100 厘米,侧枝较少,均从基部长出。叶互生,叶片大,叶柄长,呈掌状 3~5 裂。第三片真叶以上各叶腋均可着生 1 朵花,花两性,花冠黄色,花瓣基部呈暗红色,当其花朵开放充分展开后直径可达 4~8 厘米。花瓣萼片各 5 个,花萼表面有少量茸毛。果实为蒴果,横切面多呈五棱形,一般果长 5~20 厘米,果表面密生软茸毛,子房 5~11 室,平均每果结籽 47~180 粒。嫩果一般呈淡绿色,以后逐渐变为深绿色,果实成熟后变为黄色,最后变为褐色,自然开裂。种子近球形,直径 4~6 毫米,种皮呈灰绿色。种子发芽年限为 3~5 年,每克种子 15~18 粒。黄秋葵属喜温蔬菜,耐热性强,种子发芽适温为 25℃~30℃,幼苗生长期适温白天为 20℃~25℃,开花结果期适温白天为 25℃~30℃。黄秋葵耐旱,但不耐涝,生长期间需较强的光照。

二、品种选择

黄秋葵依茎秆高度可分为矮秆品种型(株高 50~100 厘米)、半矮秆品种型(株高 100~150 厘米)和高秆品种型(株高 150 厘米以上);依果实颜色可分为乳黄色、深绿色和紫色等品种类型;依果实形状可分为圆果种和棱角种;依果实长短可分为短果种和长果种,一般长果种栽培较为普遍。目前生产上多采用以下几个品种。

(一)清福 一代杂种。早熟,定植后36天左右可采收。半矮秆型,生长势强,茎秆粗壮。茎及叶柄带有紫色,叶小,叶片细裂。嫩果5棱,果型端正,长约7厘米,果色深绿,在正常气候条件下无刚毛或刺。结果节位低,结果能力强,产量高。

(二)五福 一代杂种。早熟,定植后40天左右开始采收。半矮秆型,生长势强。叶片细裂。嫩果5棱,偶有6棱或多棱,果面柔滑无刚毛,果色翠绿,果长8~10厘米。主茎常自第五节开始结果,主侧枝均可结果。

(三)南洋 一代杂种。早熟性较好,定植后35天左右可开始采收。高秆型,生长势强。叶片细裂。嫩果5棱,细而长,无刚毛,淡绿色,高温期白绿色。分枝性较强,一般有侧枝3~4条,可和主茎同样结果,结果力强。耐热性强。

三、茬口安排

以露地栽培为主,整个生育期安排在无霜期内。以华北中南部为例:露地栽培直播4月下旬至6月上旬播种,6月下旬至10月份收获。大棚和日光温室多采用育苗方式栽培。大棚栽培,2月中旬播种,3月下旬定植,5月上旬收获;日光温室栽培,10月中旬至11月上旬播种,11月中旬至12月中旬定植,翌年2月份陆续收获。

四、日光温室黄秋葵冬茬栽培技术

(一)土地和茬口选择 黄秋葵根系发达,所以应选保水保肥、土层深厚的壤土栽培。选根菜类、叶菜类等作物为前茬效果较好。黄秋葵吸肥力非常强,一般每667平方米需氮13.3千克、磷10.7千克、钾12.7千克。应把总施肥量的2/3作基肥,1/3作追肥。

施肥量依土壤肥力而异,中等肥力下每 667 平方米施充分腐熟的有机肥 4 000 千克、磷酸二氢铵 20 千克,为提高地温增施马粪 2 500 千克。然后深耕耙平,按照行距 50 厘米做成 15 厘米高的小高畦,并覆盖地膜。

(二)播种育苗　日光温室播种,可利用果菜类育苗后的床土,也可直接配置床土,按菜园土 6 份、腐熟有机肥 3 份、细沙 1 份的比例配制,将配制好的床土装于塑料钵中。播种前种子用 30℃～35℃温水浸种 24 小时,然后用纱布包好放在 25℃～30℃温度条件下催芽,经 4～5 天即可出芽。在畦中按行距、株距均为 10 厘米点播,覆土厚约为 2 厘米。播后应保持床土温度 25℃,一般 4～5 天即可发芽出土。当芽长 0.3 厘米时播种于塑料钵中,每钵 1 粒,覆土厚约 1.5 厘米。播种后温室内气温白天保持在 25℃～30℃、夜间 15℃～20℃,一般 4～5 天即可出苗。幼苗出土后,将棚温降低,白天 22℃～25℃、夜间 13℃～15℃。第一片真叶顶心时间苗,每钵留壮苗 1 株。在幼苗具有 3～4 片真叶时定植,苗龄 30～40 天。

(三)适时定植　按照株距 30～35 厘米打孔定植。定植后第一次浇水一定要浇透,提高地温,促进缓苗。第一朵花开放前应加强中耕,适当蹲苗,促进根系发育。开花结果后,幼苗生长加速,每次追肥浇水后都应中耕。植株封垄前结合浇水进行中耕培土,防止植株发生倒伏。

(四)肥水管理　在大多数植株收获 1～2 个嫩果后开始追肥。每次的追氮量不宜过多,一般每次每 667 平方米追施尿素 4～6 千克,每月 2～3 次。生长中后期更应注意追肥,防止植株早衰。黄秋葵发芽初期若土壤湿度过大,易诱发苗立枯病。幼苗期需水量不大,但应避免土壤过分干旱,以免延缓幼苗发育。开花结果期植株长势逐渐增强,需水量加大,但此时正值冬季,应浇小水,以免降低地温。浇水应在上午进行,采用膜下浇水有利于提高地温。

（五）**整枝和摘叶**　密植栽培下应去掉基部侧枝并适当摘叶。这样会改善植株底部叶片的受光状态，会促进坐果。同时植株底部通风良好，也会减轻病虫害发生。此外摘叶也能调节植株长势。摘叶一般在生育中后期进行，收获嫩果后保留下部1～2片叶，摘除以下的叶片。稀植栽培下，侧枝一般都放任生长，侧枝发生过多则应适当整枝。

（六）**其他管理**　为提高冬季黄秋葵的光合效率，采用二氧化碳气体施肥，于结果期每天揭开草苫前半小时施放，浓度为1 000～1 500毫克/千克，白天气温低于15℃不施放。

张挂反光幕能显著提高日光温室内的光照，可在温室后墙处吊挂宽1～1.2米的镀铝反光幕。为提高冬季温室内植株的坐果率，花开放后采用防落素（PCPA）50～60毫克/千克涂抹柱头，花的坐果率可提高到95％。

（七）**适时采收**　日光温室黄秋葵从播种至收获嫩荚需60～80天。黄秋葵采收期十分严格，收获过晚果荚硬化品质下降。一般开花后4～7天，果荚长5～10厘米为收获适宜时期。12月份至翌年2月份，因日光温室温度较低、植株生长较慢，一般每隔3～5天采收1次，可于元旦、春节上市供应；3月份以后进入结荚盛期，每隔1～2天采收1次。收获时用剪子剪断果梗部。日光温室黄秋葵每667平方米产量可达4 000～5 000千克。

五、病虫害防治

（一）**立枯病**　黄秋葵的病害主要是苗期的立枯病。防治立枯病除了注意种子消毒外，还应进行床土消毒。床土消毒方法是：采用58％甲霜·锰锌可湿性粉剂，或50％多菌灵可湿性粉剂与50％福美双可湿性粉剂1∶1混合。每平方米苗床施药8～10克，加过筛土4～4.5千克拌匀制成药土。播前将苗床浇透底水，待水渗下后，取1/3药土撒在畦面上，把催好芽的种子播上，再把余下的 2/3 药土覆盖在上面,防病效果显著。发病初期喷洒 72.2％霜霉威水剂 400 倍液防治。

(二)虫害　虫害主要是蚜虫。可用吡虫啉可湿性粉剂 1 500～2 000 倍液喷洒防治。

第五章 大棚及日光温室稀特菜周年生产的茬口安排

第一节 大棚稀特菜生产茬口安排

在华北中南部地区,从利用角度来看,塑料大棚除12月份和翌年1月份的极端低温时段外,其他月份都可使用。在实际生产中,多实行一年二茬生产或一年三茬生产。一年二茬生产是塑料大棚的基本栽培制度。在无霜期150天以上的地区多为2茬果菜类;无霜期不足150天的地区,春茬多为果菜,秋茬为叶菜。一年三茬生产多在早春定植果菜之前抢种一茬速生叶菜,如油菜、生菜、樱桃萝卜、四季萝卜、茴香等;也可在夏季利用塑料大棚棚架加种1茬丝瓜、苦瓜、豇豆等耐热果菜。目前,利用塑料大棚棚架夏季覆盖遮阳网进行7月份和8月份叶菜类的淡季生产已显示出诱人的前景。如夏季菠菜、油菜和芹菜的生产,露地栽培很难实现,利用塑料大棚棚架进行遮阳网覆盖栽培则较容易实现,既可以丰富淡季蔬菜的种类,也可以进行无公害蔬菜的生产。

第二节 日光温室稀特菜茬口安排

日光温室、尤其是高效节能日光温室的推广利用是实现华北地区蔬菜周年均衡供应的主要手段。

一、普通型日光温室

普通型日光温室的特点是跨度大、墙体薄、无后屋面或后屋面短、前屋面采光角度较小,因此冬季保温性能一般。普通日光温室不能进行冬茬果菜类的生产,只能进行秋延后和早春茬生产;冬茬或秋冬茬一般多用于叶菜类或葱蒜类的生产。下面以河北省保定地区为例,介绍普通型日光温室的茬口安排。

(一)秋冬茬 多用于生产芹菜(主要是西芹)、生菜、樱桃萝卜、球茎茴香、绿菜花、茼蒿和韭葱等叶菜类和根菜类。西芹和韭葱于 5 月中旬至 6 月初播种育苗,播种量要适中,一般每 667 平方米生产地需苗床 67 平方米。播后注意遮荫防雨,夏季重点是注意杂草的防除。8 月中下旬定植,10 月中下旬覆盖薄膜,11 月至翌年 2 月间收获。

(二)早春茬 主要用于果菜类的生产,如樱桃番茄、丝瓜、苦瓜、人参果、黄秋葵、蕹菜、落葵、紫苏和紫菜薹,以及茄子、辣椒、黄瓜、西葫芦、菜豆、甜瓜等。多数果菜类蔬菜在秋冬茬收获前 50~70 天开始播种育苗,翌年 1 月下旬至 2 月下旬间定植,3 月上旬至5 月下旬收获(一般在 5 月中旬揭膜)。收获后可接种豇豆、夏黄瓜、冬瓜等。

二、高效节能日光温室

高效节能日光温室的特点是墙体厚、前屋面采光角度大、冬季光能利用率高、保温性能好。主要用于冬季果菜类的生产,其茬口安排主要分为以下 2 种。

(一)秋冬茬 一般夏末到中秋播种育苗,秋末定植到温室,冬季开始上市一直收获到翌年夏季,收获期长达 120~160 天。目前栽培的果菜类主要有樱桃番茄、人参果、苦瓜、丝瓜、黄瓜、番茄、西葫芦、草莓、香椿等。秋冬茬蔬菜对设施要求较高,技术难度较大,但效益较好。

(二)冬春茬 初冬播种育苗,翌年 1~2 月份定植,3 月份开始收获。这一茬口几乎所有的蔬菜都能生产,如黄瓜、番茄、茄子、辣椒、西葫芦、菜豆、冬瓜和各种速生叶菜等。

附录

附表1　北京地区几种主要稀特菜周年生产供应模式　（李季等，1998）

蔬菜种类	栽培季节	栽培方式	播种期（月/旬）	定植期（月/旬）	收获期（月/旬）	品　种
西芹	冬春	日光温室或改良阳畦	9/上	11/上	翌年3~4	高优它或文图拉
	春季	改良阳畦	12/上中	翌年2/中下	5~6	高优它
	夏季	冷凉山区露地	3/中下	5/中下	7~9	高优它
	秋季	大棚	6/下	8/下	10~11	高优它
	秋冬季	改良阳畦	7/下至8/上	9/上至10/上	12至翌年3	文图拉
	冬季	日光温室	7/下至8/上	9/上至10/上	翌年1~2	高优它
绿菜花	春季	改良阳畦	12/下至翌年1/上	2/上中	4/上中	绿岭或哈依姿
	春季	大棚	1/中下	2/下至3/上	4/下至5/上中	绿岭或哈依姿
	春季	露地	2/中下	3/下至4/上	5/中下至6/上	绿岭或哈依姿
	夏季	遮阳网覆盖或冷凉山区栽培	3/上至4/上	4/中下至6/中	7/上至9/上中	里绿
	秋季	改良阳畦	7/中至8/上	8/中下至9/上中	10/中至11/下	绿岭
	秋季	大棚	7/上中	8/上至8/下	10/上至11/中	绿岭
	秋季	露地	6/下至7/中	7/下至8/中	9/下至10/中下	绿岭
	秋冬季	日光温室	8/中下至9/上	9/下至10/上	11/中至12/下	绿岭
	冬春季	日光温室	10/上至11/中	11/中下至12/下	翌年1/中下至3/中	绿岭
	冬春季	日光温室	11/下至12/下	翌年1/上中至2/上中	3/中至4/下	绿岭

续附表 1

蔬菜种类	栽培季节	栽培方式	播种期(月/旬)	定植期(月/旬)	收获期(月/旬)	品种
荷兰豆	春季	改良阳畦	2/中		5/上至6/中	食用大麦
		大棚	2/下		5/上至6/中	草原21号
		露地	3/中下		5/下至6/中	食用大麦
	夏季	冷凉地区露地	4/下至5/上		7/上至8	食用大麦
	秋季	改良阳畦	8/中		10/上至11/下	食用大麦
		大棚	8/上		10/上至11/上	食用大麦
生菜	春季	改良阳畦	1/上中	2/中下	4/上中至5/上	皇帝
		大棚	1/下	3/上中	4/下至5/上中	大湖659
		露地	2/上	4/上	5/中下	大湖659
	夏季	露地	4/上	5/上	7/上	凯撒或奥林匹亚
		遮阳网覆盖	6/下	7/下	9/中下	皇帝
	秋季	改良阳畦	8/下	9/下	12/上至翌年1/下	大湖659,皇帝
		大棚	8/上中	9/上中	11/上中	大湖659,皇帝
		露地	6/上至7/下	8/上至8/下	9/下至10/下	大湖659,皇帝
	冬春	日光温室	11/下至12/中	翌年1/上至2/上	3/中下至4/中	皇帝
	秋冬	日光温室	9/上中	10/中下	翌年1/上至2/下	皇帝
	冬季	日光温室	10/中下至11/上	11/中至12/中	翌年2/上至3/下	皇帝

注:改良阳畦是北方蔬菜生产常用的一种简易设施,无后坡,有后墙和山墙,一般脊高1.5~1.8米,跨度5米以内,东西走向,夜间加盖盖草苫。现在一般称为普通日光温室。

附表 2　长江流域地区几种主要稀特菜周年生产供应模式 （李式军等，1998）

蔬菜种类	栽培方式	播种期（月/旬）	定植期（月/旬）	收获期（月/旬）	备　注
春芹菜	露地	12至翌年2	3~4	5~6	含西芹
夏芹菜	防雨遮阳	5~6	7/上至8/中	8/下至10	黄心芹
越冬芹菜	露地冬季拱棚	8	10	翌年1~4	含西芹
秋冬芹菜	露地遮阳网	6~7	8	9~12	含西芹
绿菜花	露地遮阳网	7/下至8/上	8/下9/上	10至翌年3	
	保护地（大中棚）	12至翌年2	2~3	5~6	
紫菜薹	露地	8	9	11至翌年2	
紫甘蓝	露地	12至翌年2	3~4	5~6	
茼蒿	露地	6~7	8~9	11至翌年2	
春茼蒿	露地	8/下至10		10至翌年2	早春无纺布浮面覆盖
	露地	2~3		4~6	
散叶、结球生菜	露地	8/下至10（11至翌年3）	9~11	10至翌年3	含绿叶,红叶
散叶生菜	露地		2~4	3~5	结球和不结球生菜
散叶、奶油生菜	遮阳网覆盖	3~5	4~6	5~7	低温催芽
春作	露地	6~8	撒播、条播	7~9	半结球和结球生菜
冬作	大棚或小棚	11/下至翌年1/下	1/下至3/上	2~4	半结球和结球生菜
	小棚	9/下	10/下	11~12	半结球和结球生菜
	大棚	10	11~12	翌年1~3	

续附表 2

蔬菜种类	栽培方式	播种期（月/旬）	定植期（月/旬）	收获期（月/旬）	备　注
紫苏	露地	9~10(2/下至4/上)	翌年3~4	全年供应	
蕹菜	露地	3~7	条播	5~10	
落葵	露地	3/下至7/上		6~10	
韭葱	露地	3/中至7,9~10	5~6,9~10	9至翌年3	
春樱桃番茄	塑料棚、露地	11/下至12/上	翌年2/下(棚)	4/下至7	圣女等耐热品种
夏樱桃番茄	防雨棚	2~3	3/下至翌年4/上	6~9	
秋樱桃番茄	遮阳网育苗	6~7	4~5	9至翌年1	
冬樱桃番茄	温室大棚	8	8	11至翌年6	
苦瓜	露地	3	4	6~9	
丝瓜	露地	3/下	4	6~9	
黄秋葵	露地	(3)	4或直播	6~9	
食荚豌豆	露地春作	10	条播	翌年4~5	矮生品种
	露地夏作	4~5		6/下至8/下	
	大棚	8/中至9/中		10/下至翌年2	

注：播种期括号内指保护地育苗时期

金盾版图书,科学实用,
通俗易懂,物美价廉,欢迎选购

塑料棚温室种菜新技术(修订版)	29.00	白菜甘蓝类蔬菜制种技术	10.00
塑料棚温室蔬菜病虫害防治(第3版)	13.00	白菜甘蓝病虫害及防治原色图册	14.00
新编蔬菜病虫害防治手册(第二版)	11.00	怎样提高大白菜种植效益	7.00
蔬菜病虫害诊断与防治图解口诀	15.00	提高大白菜商品性栽培技术问答	10.00
嫁接育苗	12.00	白菜甘蓝萝卜类蔬菜病虫害诊断与防治原色图谱	23.00
新编棚室蔬菜病虫害防治	21.00	鱼腥草高产栽培与利用	8.00
稀特菜制种技术	5.50	甘蓝标准化生产技术	9.00
绿叶菜类蔬菜良种引种指导	13.00	提高甘蓝商品性栽培技术问答	10.00
提高绿叶菜商品性栽培技术问答	11.00	图说甘蓝高效栽培关键技术	16.00
四季叶菜生产技术160题	8.50	茼蒿蕹菜无公害高效栽培	8.00
绿叶菜类蔬菜病虫害诊断与防治原色图谱	20.50	红菜薹优质高产栽培技术	9.00
绿叶菜病虫害及防治原色图册	16.00	根菜类蔬菜周年生产技术	12.00
		根菜类蔬菜良种引种指导	13.00
菠菜栽培技术	4.50	萝卜高产栽培(第二次修订版)	5.50
芹菜优质高产栽培(第2版)	11.00	萝卜标准化生产技术	7.00
大白菜高产栽培(修订版)	4.50	萝卜胡萝卜无公害高效栽培	7.00

以上图书由全国各地新华书店经销。凡向本社邮购图书或音像制品,可通过邮局汇款,在汇单"附言"栏填写所购书目,邮购图书均可享受9折优惠。购书30元(按打折后实款计算)以上的免收邮挂费,购书不足30元的按邮局资费标准收取3元挂号费,邮寄费由我社承担。邮购地址:北京市丰台区晓月中路29号,邮政编码:100072,联系人:金友,电话:(010)83210681、83210682、83219215、83219217(传真)。